目　次

前言 ⋯⋯ Ⅲ
1 范围 ⋯⋯ 1
2 规范性引用文件 ⋯⋯⋯⋯⋯⋯⋯⋯⋯⋯⋯⋯⋯⋯⋯⋯⋯⋯⋯⋯⋯⋯⋯⋯⋯⋯⋯⋯⋯⋯⋯⋯⋯⋯⋯ 1
3 术语与定义 ⋯⋯⋯⋯⋯⋯⋯⋯⋯⋯⋯⋯⋯⋯⋯⋯⋯⋯⋯⋯⋯⋯⋯⋯⋯⋯⋯⋯⋯⋯⋯⋯⋯⋯⋯⋯⋯ 1
4 基本规定 ⋯⋯⋯⋯⋯⋯⋯⋯⋯⋯⋯⋯⋯⋯⋯⋯⋯⋯⋯⋯⋯⋯⋯⋯⋯⋯⋯⋯⋯⋯⋯⋯⋯⋯⋯⋯⋯⋯ 3
  4.1 抗滑桩治理工程设计阶段 ⋯⋯⋯⋯⋯⋯⋯⋯⋯⋯⋯⋯⋯⋯⋯⋯⋯⋯⋯⋯⋯⋯⋯⋯⋯⋯⋯⋯ 3
  4.2 地质灾害防治工程分级 ⋯⋯⋯⋯⋯⋯⋯⋯⋯⋯⋯⋯⋯⋯⋯⋯⋯⋯⋯⋯⋯⋯⋯⋯⋯⋯⋯⋯⋯ 4
  4.3 地质灾害荷载及强度标准 ⋯⋯⋯⋯⋯⋯⋯⋯⋯⋯⋯⋯⋯⋯⋯⋯⋯⋯⋯⋯⋯⋯⋯⋯⋯⋯⋯⋯ 4
  4.4 地质灾害防治工程计算工况与安全系数 ⋯⋯⋯⋯⋯⋯⋯⋯⋯⋯⋯⋯⋯⋯⋯⋯⋯⋯⋯⋯⋯ 4
  4.5 抗滑桩类型及适用范围 ⋯⋯⋯⋯⋯⋯⋯⋯⋯⋯⋯⋯⋯⋯⋯⋯⋯⋯⋯⋯⋯⋯⋯⋯⋯⋯⋯⋯⋯ 6
  4.6 勘查要求 ⋯⋯⋯⋯⋯⋯⋯⋯⋯⋯⋯⋯⋯⋯⋯⋯⋯⋯⋯⋯⋯⋯⋯⋯⋯⋯⋯⋯⋯⋯⋯⋯⋯⋯⋯ 6
  4.7 稳定性评价方法 ⋯⋯⋯⋯⋯⋯⋯⋯⋯⋯⋯⋯⋯⋯⋯⋯⋯⋯⋯⋯⋯⋯⋯⋯⋯⋯⋯⋯⋯⋯⋯⋯ 6
  4.8 岩土体参数取值方法 ⋯⋯⋯⋯⋯⋯⋯⋯⋯⋯⋯⋯⋯⋯⋯⋯⋯⋯⋯⋯⋯⋯⋯⋯⋯⋯⋯⋯⋯⋯ 6
  4.9 抗滑桩桩位和桩参数 ⋯⋯⋯⋯⋯⋯⋯⋯⋯⋯⋯⋯⋯⋯⋯⋯⋯⋯⋯⋯⋯⋯⋯⋯⋯⋯⋯⋯⋯⋯ 6
5 抗滑桩设计推力确定方法 ⋯⋯⋯⋯⋯⋯⋯⋯⋯⋯⋯⋯⋯⋯⋯⋯⋯⋯⋯⋯⋯⋯⋯⋯⋯⋯⋯⋯⋯⋯ 7
6 抗滑桩结构内力计算方法与要求 ⋯⋯⋯⋯⋯⋯⋯⋯⋯⋯⋯⋯⋯⋯⋯⋯⋯⋯⋯⋯⋯⋯⋯⋯⋯⋯⋯ 9
  6.1 抗滑桩结构设计重要系数 ⋯⋯⋯⋯⋯⋯⋯⋯⋯⋯⋯⋯⋯⋯⋯⋯⋯⋯⋯⋯⋯⋯⋯⋯⋯⋯⋯⋯ 9
  6.2 悬臂桩结构内力计算方法与要求 ⋯⋯⋯⋯⋯⋯⋯⋯⋯⋯⋯⋯⋯⋯⋯⋯⋯⋯⋯⋯⋯⋯⋯⋯⋯ 9
  6.3 锚拉桩结构内力计算方法与要求 ⋯⋯⋯⋯⋯⋯⋯⋯⋯⋯⋯⋯⋯⋯⋯⋯⋯⋯⋯⋯⋯⋯⋯⋯⋯ 11
  6.4 抗滑桩护壁荷载及内力计算 ⋯⋯⋯⋯⋯⋯⋯⋯⋯⋯⋯⋯⋯⋯⋯⋯⋯⋯⋯⋯⋯⋯⋯⋯⋯⋯⋯ 14
  6.5 多排桩设计要求 ⋯⋯⋯⋯⋯⋯⋯⋯⋯⋯⋯⋯⋯⋯⋯⋯⋯⋯⋯⋯⋯⋯⋯⋯⋯⋯⋯⋯⋯⋯⋯⋯ 14
  6.6 微型组合抗滑桩群设计要求 ⋯⋯⋯⋯⋯⋯⋯⋯⋯⋯⋯⋯⋯⋯⋯⋯⋯⋯⋯⋯⋯⋯⋯⋯⋯⋯⋯ 14
7 抗滑桩结构设计 ⋯⋯⋯⋯⋯⋯⋯⋯⋯⋯⋯⋯⋯⋯⋯⋯⋯⋯⋯⋯⋯⋯⋯⋯⋯⋯⋯⋯⋯⋯⋯⋯⋯⋯ 15
  7.1 抗滑桩结构构造要求 ⋯⋯⋯⋯⋯⋯⋯⋯⋯⋯⋯⋯⋯⋯⋯⋯⋯⋯⋯⋯⋯⋯⋯⋯⋯⋯⋯⋯⋯⋯ 15
  7.2 抗滑桩承载力计算 ⋯⋯⋯⋯⋯⋯⋯⋯⋯⋯⋯⋯⋯⋯⋯⋯⋯⋯⋯⋯⋯⋯⋯⋯⋯⋯⋯⋯⋯⋯⋯ 17
  7.3 锚索结构设计验算 ⋯⋯⋯⋯⋯⋯⋯⋯⋯⋯⋯⋯⋯⋯⋯⋯⋯⋯⋯⋯⋯⋯⋯⋯⋯⋯⋯⋯⋯⋯⋯ 19
8 抗滑桩施工、检测与监测要求 ⋯⋯⋯⋯⋯⋯⋯⋯⋯⋯⋯⋯⋯⋯⋯⋯⋯⋯⋯⋯⋯⋯⋯⋯⋯⋯⋯⋯ 20
  8.1 抗滑桩施工要求 ⋯⋯⋯⋯⋯⋯⋯⋯⋯⋯⋯⋯⋯⋯⋯⋯⋯⋯⋯⋯⋯⋯⋯⋯⋯⋯⋯⋯⋯⋯⋯⋯ 20
  8.2 抗滑桩检测 ⋯⋯⋯⋯⋯⋯⋯⋯⋯⋯⋯⋯⋯⋯⋯⋯⋯⋯⋯⋯⋯⋯⋯⋯⋯⋯⋯⋯⋯⋯⋯⋯⋯⋯ 20
  8.3 抗滑桩监测 ⋯⋯⋯⋯⋯⋯⋯⋯⋯⋯⋯⋯⋯⋯⋯⋯⋯⋯⋯⋯⋯⋯⋯⋯⋯⋯⋯⋯⋯⋯⋯⋯⋯⋯ 21
9 设计成果 ⋯⋯⋯⋯⋯⋯⋯⋯⋯⋯⋯⋯⋯⋯⋯⋯⋯⋯⋯⋯⋯⋯⋯⋯⋯⋯⋯⋯⋯⋯⋯⋯⋯⋯⋯⋯⋯ 21
  9.1 设计成果内容 ⋯⋯⋯⋯⋯⋯⋯⋯⋯⋯⋯⋯⋯⋯⋯⋯⋯⋯⋯⋯⋯⋯⋯⋯⋯⋯⋯⋯⋯⋯⋯⋯⋯ 21
  9.2 设计成果要求 ⋯⋯⋯⋯⋯⋯⋯⋯⋯⋯⋯⋯⋯⋯⋯⋯⋯⋯⋯⋯⋯⋯⋯⋯⋯⋯⋯⋯⋯⋯⋯⋯⋯ 22
附录A（资料性附录） 钢筋参数表 ⋯⋯⋯⋯⋯⋯⋯⋯⋯⋯⋯⋯⋯⋯⋯⋯⋯⋯⋯⋯⋯⋯⋯⋯⋯⋯ 23
附录B（资料性附录） 混凝土参数表 ⋯⋯⋯⋯⋯⋯⋯⋯⋯⋯⋯⋯⋯⋯⋯⋯⋯⋯⋯⋯⋯⋯⋯⋯⋯ 25

附录C（资料性附录） 抗滑桩设计地基系数表（K法、m法、抗压强度与地基系数） …………… 26
附录D（资料性附录） 滑坡稳定性评价和推力计算公式 …………………………………… 28
附录E（资料性附录） 地基系数法 …………………………………………………………… 32
附录F（资料性附录） 锚拉桩计算方法 ……………………………………………………… 38
附录G（资料性附录） 护壁内力计算方法 …………………………………………………… 42
附录H（资料性附录） 微型桩单桩计算公式 ………………………………………………… 44
附录I（规范性附录） 设计书主要章节 ……………………………………………………… 46
附录J（规范性附录） 设计计算书主要格式 ………………………………………………… 47
附录K（资料性附录） 砂浆与岩土体黏结强度表 …………………………………………… 48
附：条文说明 ………………………………………………………………………………………… 49

前　言

本标准按照 GB/T 1.1—2009《标准化工作导则　第1部分：标准的结构和编写》给出的规则起草。

本标准由正文、附录、条文说明三部分组成。

本标准附录 I 和 J 为规范性附录，附录 A、B、C、D、E、F、G、H、K 为资料性附录。

本标准由中国地质灾害防治工程行业协会提出并归口。

本标准起草单位：中国地质大学（武汉）、中国地质科学院探矿工艺研究所、湖北省地质环境总站、中煤科工集团西安研究院有限公司、山东大学、武汉地质工程勘察院、三峡大学。

本标准主要起草人：唐辉明、胡新丽、邹安权、石胜伟、王志俭、彭进生、王全成、李长冬、杨栋、韩琨、方山耀、宁国民、王亮清、苏爱军、李术才、张乾青、傅静安。

本标准由中国地质灾害防治工程行业协会负责解释。

T/CAGHP 003—2018

抗滑桩治理工程设计规范(试行)

1 范围

本标准规定了抗滑桩设计的技术要求,除应符合本标准外,还应遵循国家现行有关规范和标准的规定。

本标准适用于指导山体滑坡及不稳定斜坡等地质灾害治理工程中的抗滑桩设计。

2 规范性引用文件

下列文件对于本标准的应用是必不可少的。凡是注日期的引用文件,仅所注日期的版本适用于本标准。凡是不注日期的引用文件,其最新版本(包括所有的修改单)适用于本标准。

GB 50007—2011　建筑地基基础设计规范
GB 50010—2010(2015 年版)　混凝土结构设计规范
GB 50011—2010　建筑抗震设计规范
GB 50021—2001(2009 年版)　岩土工程勘察规范
GB 50330—2013　建筑边坡工程技术规范
GB/T 14370—2007　预应力筋用锚具、夹具和连接器
GB/T 32864—2016　滑坡防治工程勘查规范
DZ/T 0219—2006　滑坡防治工程设计与施工技术规范
TB 10025—2006　铁路路基支挡结构设计规范(2009 年局部修订)
CECS 22:2005　岩土锚杆(索)技术规程
DL/T 5176—2003　水电工程预应力锚固设计规范
JTG D30—2004　公路路基设计规范
JGJ 94—2008　建筑桩基技术规范

3 术语与定义

下列术语与定义适用于本标准。

3.1

抗滑桩 anti-sliding pile

穿过滑体进入滑动面以下一定深度,阻止滑体滑动的柱状构件。

3.2

悬臂式抗滑桩 cantilever anti-sliding pile

满足一定嵌固深度可视作悬臂结构,用以阻止滑体滑动的柱状构件。

3.3

锚拉桩 anti-sliding pile with anchors

由抗滑桩和锚索组成的用于阻止滑坡滑动的复合结构体系。

3.4

钻孔灌注桩 bored pile

指使用机械在岩土层中成孔，现场浇注形成的钢筋混凝土柱状构件。

3.5

挖孔桩 manual digging pile

人工挖掘成孔的灌注桩。

3.6

微型桩 mini pile

一般指桩径小于 300 mm，长细比大于 30 的钻孔灌注桩。

3.7

群桩 pile group

两根以上的桩组成共同承担荷载的桩组合。

3.8

多排桩 multi-row pile

布设在滑坡相同部位、共同阻滑的两排及以上的抗滑桩组合体。

3.9

抗滑桩间距 spacing between anti-sliding piles

两根相邻抗滑桩截面中心对截面中心的距离。

3.10

抗滑桩净间距 net spacing between anti-sliding piles

两根相邻抗滑桩邻近边的距离。

3.11

合理桩间距 proper pile spacing

在同一桩体后侧的局部区域内，相邻两桩的土拱会在此处形成三角形受压区，并保证该三角形受压区能正常发挥效应而不被破坏，桩间能形成稳定土拱，桩间土不会产生挤出的桩间距。

3.12

抗滑桩锁口 locking wellhead

为避免抗滑桩开挖过程中井口周边岩石落入、土体垮塌及地表水灌入井内，在井口设置的围护结构，一般采用钢筋混凝土材料。

3.13

抗滑桩护壁 anti-sliding pile clapboard

人工挖孔桩施工过程中使用钢筋混凝土等材料在孔壁做成的板状或筒状结构层，其作用为防止孔壁坍塌、局部阻水。

3.14

滑桩锚固(嵌固)深度 embedded depth

抗滑桩结构在滑面以下的埋置深度。

3.15
滑坡推力 landslide thrust

滑坡体作用在支挡结构上的下滑力。

3.16
滑坡推力曲线 landslide thrust curve

在滑坡主滑方向上各点计算所得的推力值所形成的曲线。

3.17
桩前滑体抗力 landslide resistance before piles

指滑动面以上桩前滑体所能提供的阻滑力。

3.18
桩侧弹性抗力 pile-side elastic resistance

抗滑桩结构发生向嵌固端围岩方向的变形引起的围岩对抗滑桩结构的约束反力。

3.19
桩身内力 internal force of pile

在外力作用下，引起抗滑桩内部相互作用的力。包括抗滑桩桩身的弯矩和剪力。受荷段桩身内力应根据滑坡推力和阻力计算，嵌固段桩身内力根据滑面处的弯矩和剪力按地基弹性的抗力地基系数（K）概念计算。

3.20
地基系数 foundation coefficient

表征土体表面在平面压力作用下产生的可压缩性的大小。采用刚性承载板进行静压平板载荷试验获得的应力-位移曲线综合确定，单位：MPa/m。地基系数与滑床岩体性质相关，主要包括两种取值方法：K 法和 m 法。

3.21
m 法 m method

地基系数随深度呈线性增加的抗滑桩内力确定方法。

3.22
K 法 K method

地基系数为常数的抗滑桩内力确定方法。

3.23
结构重要系数 coefficient for importance of a structure

指对不同安全等级的结构，为使其具有规定的可靠度而采用的系数。可根据工程类型依据相关规范取用。

4 基本规定

4.1 抗滑桩治理工程设计阶段

4.1.1 抗滑桩治理工程设计分为可行性方案论证和施工图设计阶段。前者为抗滑桩治理工程与其他治理工程进行技术和经济合理性比较的阶段。后者为治理工程确定采用抗滑桩形式，为保证工程施工顺利进行的设计工作阶段。

4.1.2 两个设计阶段均需在已审定批复工程地质勘查报告的基础上进行设计。

4.2 地质灾害防治工程分级

4.2.1 以危害对象、危害人数及经济损失程度为依据将地质灾害防治工程分为三级,见表1。

表1 地质灾害防治工程分级表

<table>
<tr><th colspan="2">级别</th><th>Ⅰ</th><th>Ⅱ</th><th>Ⅲ</th></tr>
<tr><td colspan="2">危害对象</td><td>县级和县级以上城市、国防和生命工程</td><td>主要集镇,或大型工矿企业、重要桥梁、国道专项设施等</td><td>一般集镇,县级或中型工矿企业,省道及一般专项设施等</td></tr>
<tr><td colspan="2">危害人数/人</td><td>>1 000</td><td>1 000~500</td><td><500</td></tr>
<tr><td rowspan="2">经济损失</td><td>直接经济损失/万元</td><td>>1 000</td><td>1 000~500</td><td><500</td></tr>
<tr><td>潜在经济损失/万元</td><td>>10 000</td><td>10 000~5 000</td><td><5 000</td></tr>
</table>

4.2.2 工程等级确定应同时满足表1中危害对象、危害人数和经济损失三项指标中的两项。

4.2.3 确定滑坡等级时应考虑滑坡可能引发的次生灾害的影响。

4.2.4 因特殊情况需要进行等级增减的,需要经过专门论证与批准。

4.3 地质灾害荷载及强度标准

4.3.1 荷载:
a) 滑体自重;
b) 滑体上建(构)筑物附加荷载;
c) 地下水产生的荷载,包括静水压力和渗透压力等;
d) 地表水产生的荷载;
e) 地震;
f) 其他,如物料和交通工具引起的活荷载等。

4.3.2 地质灾害防治工程暴雨和地震荷载强度取值标准参见表2。荷载强度标准:
a) 暴雨强度按10~100 a的重现期计;
b) 地震荷载按50~100 a超越概率为10%的地震加速度计。

表2 地质灾害防治工程荷载强度标准表

级别	暴雨强度重现期/a		地震荷载(年超越概率10%)	
	设计	校核	设计	校核
Ⅰ	50	100	50	100
Ⅱ	20	50		50
Ⅲ	10	20		

4.4 地质灾害防治工程计算工况与安全系数

4.4.1 地质灾害防治工程计算工况

a) 设计工况

工况Ⅰ,自重;

工况Ⅱ,自重＋地下水。
b) 校核工况
工况Ⅲ,自重＋暴雨＋地下水；
工况Ⅳ,自重＋地震＋地下水。

4.4.2 地质灾害防治工程设计安全系数

a) 抗滑安全系数
　　1) 设计工况安全系数
　　　　工况Ⅰ,自重,$K_s=1.15\sim1.4$；
　　　　工况Ⅱ,自重＋地下水,$K_s=1.1\sim1.3$。
　　2) 校核工况安全系数
　　　　工况Ⅲ,自重＋暴雨＋地下水,$K_s=1.02\sim1.15$；
　　　　工况Ⅳ,自重＋地震＋地下水,$K_s=1.02\sim1.15$。

b) 抗剪断安全系数
　　当采用微型桩加固滑坡时,应采用抗剪断安全系数进行设计。
　　1) 设计工况安全系数
　　　　工况Ⅰ,自重,$K_s=2.0\sim2.5$；
　　　　工况Ⅱ,自重＋地下水,$K_s=1.7\sim2.2$。
　　2) 校核工况安全系数
　　　　工况Ⅲ,自重＋暴雨＋地下水,$K_s=1.2\sim1.5$；
　　　　工况Ⅳ,自重＋地震＋地下水,$K_s=1.2\sim1.5$。

c) 地质灾害防治工程设计,应根据其工程级别进行安全系数取值,即Ⅰ级防治工程的安全系数取高值,Ⅲ级防治工程的安全系数取低值。
d) 地质灾害防治工程设计,可依据防治工程类别进行安全系数取值,即主体防治工程安全系数可取高值,附属或临时防治工程安全系数可相应降低。
e) 地质灾害防治工程设计安全系数取值推荐见表3。

表3 地质灾害防治工程设计安全系数推荐表

安全系数类型	Ⅰ级防治工程				Ⅱ级防治工程				Ⅲ级防治工程			
	设计		校核		设计		校核		设计		校核	
	工况Ⅰ	工况Ⅱ	工况Ⅲ	工况Ⅳ	工况Ⅰ	工况Ⅱ	工况Ⅲ	工况Ⅳ	工况Ⅰ	工况Ⅱ	工况Ⅲ	工况Ⅳ
抗滑动	1.3～1.4	1.2～1.3	1.10～1.15	1.10～1.15	1.25～1.30	1.15～1.30	1.05～1.10	1.05～1.10	1.15～1.20	1.10～1.20	1.02～1.05	1.02～1.05
抗剪断	2.2～2.5	1.9～2.2	1.40～1.50	1.40～1.50	2.1～2.4	1.8～2.1	1.30～1.40	1.30～1.40	2.0～2.3	1.7～2.0	1.20～1.30	1.20～1.30

注1：工况Ⅰ——自重。
注2：工况Ⅱ——自重＋地下水。
注3：工况Ⅲ——自重＋暴雨＋地下水。
注4：工况Ⅳ——自重＋地震＋地下水。

4.5 抗滑桩类型及适用范围

4.5.1 抗滑桩主要适用于滑坡治理和斜坡加固。

4.5.2 常用抗滑桩类型按受力方式分为悬臂抗滑桩、锚拉桩、微型组合抗滑桩群和多排桩。按截面形态可分为矩形抗滑桩和圆形抗滑桩。

4.5.3 悬臂抗滑桩适用于一般滑坡治理,当悬臂抗滑桩设计弯矩过大,或桩顶位移超过容许位移时,可采用锚拉桩或多排桩。

4.5.4 采用悬臂抗滑桩、锚拉桩对滑坡进行分段阻滑时,每段宜以单排布置为主。

4.5.5 对于滑体厚度较薄、推力较小的滑坡,当不宜进行大截面抗滑桩开挖施工时,可选择微型桩。

4.5.6 对于在下述条件设置锚拉桩时,应进行专门的论证:
   a) 水位以下及水位变动区;
   b) 滑体土为欠固结土或对锚索可能产生横向荷载的地区;
   c) 对锚索具有腐蚀性环境的地区。

4.6 勘查要求

4.6.1 抗滑桩治理工程勘查应提供滑(斜)坡区的工程地质平面图、剖面图。勘探线应保证最少一纵(主滑线方向)一横剖面(工程布置断面)。

4.6.2 抗滑桩治理工程勘查应提供滑(斜)坡评价地质模型。

4.6.3 抗滑桩治理工程勘查应提供滑体、软弱面和滑动面(带)、滑床的岩土体物理力学性质参数。

4.6.4 抗滑桩治理工程勘查应提供降水、地表水与地下水相关参数。

4.6.5 抗滑桩治理工程施工期间发现地质勘查报告不符合实际情况时,应进行补充地质勘查工作,提交补充地质勘查报告,内容应符合有关规范和设计要求。

4.6.6 未尽事宜按《滑坡防治工程勘查规范》(GB/T 32864—2016)执行。

4.7 稳定性评价方法

4.7.1 滑(斜)坡稳定性评价至少进行一条纵剖面计算。

4.7.2 滑(斜)坡稳定性计算方法应根据岩土类型、滑坡形态和可能的破坏形式,选择适宜的计算方法。

4.7.3 对变形破坏机制复杂的滑(斜)坡,宜结合数值分析法进行评价。

4.7.4 除验算整体稳定性外,尚应验算局部稳定性。

4.8 岩土体参数取值方法

4.8.1 计算参数宜根据测试成果、反演和当地经验综合确定。

4.8.2 滑坡岩土体力学参数反演可采用基于刚体极限平衡理论的公式和数值方法。

4.8.3 岩体结构面的抗剪强度宜根据试验确定。无条件进行试验时,可采用经验值和反算分析等方法综合确定。

4.8.4 地基土水平抗力系数的比例系数 m 和地基弹性抗力系数 K 取值可参考附录C选用。

4.9 抗滑桩桩位和桩参数

4.9.1 抗滑桩的平面布置、桩间距、桩长和桩身截面尺寸等应根据滑(斜)坡推力大小、地层性质、滑面形态和坡度、锚固段岩土体的横向承载力特征值、滑体厚度及施工条件等因素综合确定。

4.9.2 抗滑桩一般应布设在滑（斜）坡中前部的阻滑段，根据滑（斜）坡的地层性质、滑（斜）坡推力大小、滑动面坡度、滑体厚度和施工条件等因素综合考虑确定，有重要保护对象或施工条件制约可适当调整。

4.9.3 抗滑桩沿横剖面布置方向宜与滑动方向垂直。

4.9.4 桩间距宜为 3 m～8 m，并应根据桩径及推力进行验算，避免桩间土挤出。当滑体完整、密实或滑（斜）坡推力较小时，抗滑桩间距可取大值；反之，可取小值。滑（斜）坡主轴附近抗滑桩间距可取小值，两侧桩间距可取大值。

4.9.5 抗滑桩桩长一般不宜大于 35 m。对于滑带埋深大于 25 m 的滑坡，采用抗滑桩阻滑时，应充分论证其可行性。

4.9.6 抗滑桩嵌固段须嵌入滑床中，嵌入段长度根据验算确定。滑带以下岩土体的侧向压应力不得大于该岩土体的容许侧向抗压强度。坚硬岩石嵌岩深度应结合桩长进行桩型优化设计。对于土层或软弱岩层，抗滑桩嵌固段长度宜为桩长的 1/2～1/3；对于较完整、坚硬岩层，抗滑桩嵌固段长度宜为桩长的 1/3～1/4。

4.9.7 抗滑桩截面形状以矩形为主，截面宽度一般为 1.5 m～2.5 m，截面高度一般为 2.0 m～4.0 m。采用人工挖孔施工时，抗滑桩最小边宽度不宜小于 1.25 m。

4.9.8 抗滑桩的计算宽度 B_p 按照式(1)和式(2)取值。

矩形抗滑桩：
$$B_p = K_f \cdot K_B \cdot b = 1.0 \times \left(1 + \frac{1}{b}\right)b = b + 1 \quad \cdots\cdots\cdots\cdots\cdots (1)$$

圆形抗滑桩：
$$B_p = K_f \cdot K_B \cdot b = 0.9 \times \left(1 + \frac{1}{b}\right)b = 0.9(b+1) \quad \cdots\cdots\cdots\cdots\cdots (2)$$

式中：
b——矩形桩的截面宽度，单位为米(m)；
d——圆形桩的截面直径，单位为米(m)；
K_f——形状换算系数，对于矩形桩 $K_f=1.0$，对于圆形桩 $K_f=0.9$；
K_B——受力换算系数，矩形桩宽度 $b \geq 1$m 时，$K_B=1+1/b$，圆形桩 $d \geq 1$ m 时，$K_B=1+1/d$。

4.9.9 抗滑桩应嵌固在滑动面以下的稳定岩土体中，保证滑坡体不越过桩顶或从桩间挤出，不产生新的深层滑动。

4.9.10 当桩前临空时，为防止桩间土挤出，可在桩间设挡土板或挡土墙。

4.9.11 可在抗滑桩之间采用连系梁连接增强抗滑桩整体性，抗滑桩桩顶嵌入连系梁内的长度不小于 50 mm。桩顶纵向主筋应锚入连系梁内，其锚入长度不宜小于 35 倍纵向主筋直径。

5 抗滑桩设计推力确定方法

5.1 作用于抗滑桩的外力应计算滑坡推力（包括活荷载引起的滑坡推力）、桩后主动土压力、桩前土体抗力（指滑面以上土体对抗滑桩的反力）及锚固地层的抗力。可不计桩侧土的摩擦力、桩身自重及桩底反力。

5.2 抗滑桩所受推力应按设桩处的滑坡推力确定。滑坡推力应按滑坡类型、滑面形态选用相应的推力计算方法（附录 D）。

a) 对于滑动面为单一平面或圆弧形的堆积层(包括土质)滑坡,可用瑞典条分法等方法进行稳定性评价,可用毕肖普法(Bishop)等方法进行校核。

b) 对于滑动面为折线形的堆积层(包括土质)滑坡,用传递系数法进行推力计算。对于岩质滑坡,用平面极限平衡法进行稳定性评价和推力计算。

5.3 抗滑桩所受推力可根据滑坡的物质结构和变形滑移特性,按三角形、矩形或梯形分布考虑。

5.4 抗滑桩桩后主动土压力(E_a)应按式(3)、式(5)、式(7)进行计算。当KE_a大于滑坡剩余下滑力时,滑坡推力取KE_a,K为安全系数。

a) 岩土体为无黏性土时

$$E_a = \frac{1}{2}\gamma h_1^2 K_a \quad \cdots\cdots\cdots\cdots\cdots\cdots(3)$$

$$E_p = \frac{1}{2}\gamma h_1^2 K_p \quad \cdots\cdots\cdots\cdots\cdots\cdots(4)$$

$$K_a = \tan^2\left(45 - \frac{\varphi}{2}\right) \quad \cdots\cdots\cdots\cdots\cdots\cdots(5)$$

$$K_p = \tan^2\left(45 + \frac{\varphi}{2}\right) \quad \cdots\cdots\cdots\cdots\cdots\cdots(6)$$

b) 岩土体为黏性土时

$$E_a = \frac{1}{2}\gamma h_1^2 K_a - 2ch_1\sqrt{K_a} + \frac{2c^2}{\gamma} \quad \cdots\cdots\cdots\cdots\cdots\cdots(7)$$

$$E_p = \frac{1}{2}\gamma h_1^2 K_p + 2ch_1\sqrt{K_p} \quad \cdots\cdots\cdots\cdots\cdots\cdots(8)$$

式中:

K_a、K_p——主动土压力系数、被动土压力系数;

c——岩土体的黏聚力,单位为千帕(kPa)。

5.5 抗滑桩桩前土压力应按式(4)、式(6)、式(8)进行计算。桩前抗力(P)可由极限平衡时滑坡推力曲线(图1)或桩前被动土压力确定,设计时选用小值。

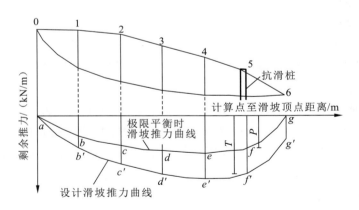

图1 滑坡推力曲线

[T—桩上滑坡推力,单位为千牛每米(kN/m);P—桩前滑体抗力,单位为千牛每米(kN/m)]

5.6 桩前土体稳定性不满足要求时,应不考虑桩前抗力。

6 抗滑桩结构内力计算方法与要求

6.1 抗滑桩结构设计重要系数

6.1.1 结构设计重要系数不应小于1.0，Ⅰ级防治工程取1.1，Ⅱ、Ⅲ级防治工程取1.0。

6.2 悬臂桩结构内力计算方法与要求

6.2.1 抗滑桩锚固段地层为土层或软弱破碎岩体时，抗滑桩桩端可视为自由端；抗滑桩锚固段地层完整、嵌入较浅时，抗滑桩桩端可视为铰支端。抗滑桩结构设计时，桩底支承一般为自由端或铰支端。

6.2.2 滑动面处及滑动面以上段的桩身内力，根据滑坡设计推力和桩前抗力，按悬臂梁计算。

6.2.3 水平地基系数为常数时，采用K法，按附录E.1计算抗滑桩锚固段内力及位移。

6.2.4 水平地基系数随深度线性变化时，采用m法，按附录E.2计算抗滑桩锚固段内力及位移。

6.2.5 当满足式(9)或式(11)时，可视为刚性桩，按附录E.3计算抗滑桩锚固段内力及位移。

$$\beta h_2 \leqslant 1 \quad\quad\quad (9)$$

$$\beta = \sqrt[4]{\frac{KB_p}{4EI}} \quad\quad\quad (10)$$

$$\alpha h_2 \leqslant 2.5 \quad\quad\quad (11)$$

$$\alpha = \sqrt[5]{\frac{mB_p}{EI}} \quad\quad\quad (12)$$

式中：

β——当锚固段水平地基系数为常数K时，桩的变形系数(m^{-1})；

K——水平地基系数，单位为千牛每立方米(kN/m^3)；

α——当锚固段水平地基系数为线性变化时，桩的变形系数(m^{-1})；

m——水平地基系数的比例系数(kN/m^4)；

h_2——滑动面以下的桩长，单位为米(m)；

B_p——桩的计算宽度，单位为米(m)；

EI——桩身抗弯刚度，单位为千牛·平方米($kN·m^2$)；对于钢筋混凝土桩，$I=0.85E_cI_0$，其中E_c为混凝土弹性模量，I_0为桩身换算截面惯性矩。

圆形截面I_0按式(13)计算：

$$I_0 = \frac{W_0 d_0}{2}, W_0 = \frac{\pi d}{32}[d^2 + 2(\alpha_E - 1)\rho_g d_0^2] \quad\quad\quad (13)$$

矩形截面I_0按式(14)计算：

$$I_0 = \frac{W_0 b_0}{2}, W_0 = \frac{b}{6}[b^2 + 2(\alpha_E - 1)\rho_g b_0^2] \quad\quad\quad (14)$$

式中：

d——桩直径，单位为米(m)；

d_0——扣除保护层的桩直径，单位为米(m)；

b——矩形桩宽度，单位为米(m)；

b_0——扣除保护层的桩截面宽度，单位为米(m)；

α_E——钢筋弹性模量与混凝土弹性模量的比值；

ρ_g——桩身配筋率。

6.2.6 锚固段桩周岩土侧向应力按附录 E.1、附录 E.2 和附录 E.3 计算。

6.2.7 锚固段地层为岩层时,桩周岩土侧向应力最大值 σ_{max} 应小于或等于地基的水平向容许承载力。地基的水平向容许承载力可按式(15)计算：

$$[\sigma_H] = K_H \eta R_c \quad\quad\quad (15)$$

式中：

K_H——在水平方向的换算系数,根据岩石的完整程度、层理或片理产状、层间的胶结物与胶结程度、节理裂隙的密度和充填物,可采用 0.5～1.0；

η——折减系数,根据岩层的裂隙、风化及软化程度,可采用 0.3～0.45；

R_c——岩石饱和单轴抗压极限强度,单位为千帕(kPa)。

6.2.8 锚固段地层为土层或风化成土、砂砾状岩层时,滑动面以下的桩周岩土侧向应力最大值应小于或等于地基的水平向容许承载力,地基水平向容许承载力计算应符合以下规定：

a) 当滑动面纵向坡度较小时,地基深度 y 处的水平向容许承载力可按式(16)计算：

$$[\sigma_H] = \frac{4}{\cos\varphi}[(\gamma_1 h_1 + \gamma_2 y)\tan\varphi + c] \quad\quad\quad (16)$$

式中：

$[\sigma_H]$——地基的水平向容许承载力,单位为千帕(kPa)；

γ_1——滑动面以上岩土体的重度,单位为千牛每立方米(kN/m³)；

γ_2——滑动面以下岩土体的重度,单位为千牛每立方米(kN/m³)；

φ——滑动面以下岩土体的内摩擦角,单位为度(°)；

c——滑动面以下岩土体的黏聚力,单位为千帕(kPa)；

h_1——抗滑桩受荷段长度,单位为米(m)；

y——滑动面至锚固段上计算点的距离,单位为米(m)。

b) 当滑动面纵向坡度 i 较大且 $i \leq \varphi_d$ 时,地基深度 y 处的水平向容许承载力可按式(17)计算：

$$[\sigma_H] = 4(\gamma_1 h_1 + \gamma_2 y)\frac{\cos^2 i \sqrt{\cos^2 i - \cos^2 \varphi_d}}{\cos^2 \varphi_d} \quad\quad\quad (17)$$

式中：

φ_d——滑动面以下土体的综合内摩擦角,单位为度(°)。

6.2.9 抗滑桩锚固段桩身变形和转角按附录 E.1、附录 E.2 和附录 E.3 确定,悬臂段水平位移 x_y 与转角 φ_y 按下列公式计算：

$$x_y = x_0 - \varphi_0(h_1 - y) + \frac{e_1}{EI}\left(\frac{h_1^4}{8} - \frac{h_1^3 y}{6} + \frac{y^4}{24}\right) + \frac{e_2}{EI h_1}\left(\frac{h_1^5}{30} - \frac{h_1^4 y}{24} + \frac{y^5}{120}\right) \quad (18)$$

$$\varphi_y = \varphi_0 - \frac{e_1}{6EI}(h_1^3 - y^3) - \frac{e_2}{24 EI h_1}(h_1^4 - y^4) \quad\quad\quad (19)$$

式中：

x_0——滑动面处的初始水平位移,单位为米(m)；按附录 E.1、附录 E.2 确定；

φ_0——滑动面处的初始转角,单位为弧度(rad)；按附录 E.1、附录 E.2 确定；

h_1——抗滑桩受荷段长度,单位为米(m)；

e_1、e_2——抗滑桩荷载分布图形参数,单位为千牛每米(kN/m)；荷载分布为三角形时,$e_1 = 0$；荷载分布为矩形时,$e_2 = 0$；见图 2；

y——滑动面以上某点与桩顶的距离,单位为米(m)。

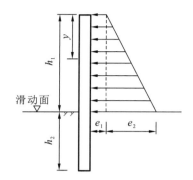

图 2 抗滑桩荷载分布图

6.3 锚拉桩结构内力计算方法与要求

6.3.1 一般规定

a) 当悬臂抗滑桩截面及桩间距无法满足设计弯矩要求时,宜采用锚拉桩。
b) 锚拉桩内力可采用强度控制方法,对于变形控制要求较高的锚拉桩工程应使用变形控制方法。

6.3.2 桩锚设计内容

桩锚设计应包括下列内容:
a) 侧向滑动推力计算;
b) 桩锚结构内力计算;
c) 桩嵌入深度计算;
d) 锚索计算和混凝土结构局部承压强度计算;
e) 变形控制设计。

6.3.3 设计计算

锚拉桩宜按超静定体系分析。据桩和锚索变形协调条件,采用结构力学方法计算锚索分担的载荷,并分项进行锚索和桩体设计(附录F)。

6.3.4 锚索锚固力确定

a) 预应力锚索设置应保证达到所设计的锁定锚固力要求,避免由于钢绞线松弛而失效。
b) 锚索锚固力 P 必须小于 P_1、P_2、P_3 和 P_4 的条件,其中 P_1 为锚索设计承载力,P_2 为锚索同砂浆的握裹力,P_3 为砂浆同孔壁的摩阻力,P_4 为锚固段岩体倒圆锥形的稳定力。

锚索设计承载力 P_1 的计算公式:

$$P_1 = nS[\sigma] \quad \cdots\cdots\cdots\cdots\cdots\cdots\cdots\cdots (20)$$

式中:
n——锚索钢绞线的根数,单位为根(根);
S——每根钢绞线的计算面积,单位为平方米(m^2);
$[\sigma]$——钢绞线的设计抗拉强度,单位为千帕(kPa)。

锚索同砂浆的握裹力 P_2 的计算公式：

$$P_2 = \pi d_c L_e \tau_2 \quad\quad\quad\quad\quad\quad\quad\quad\quad (21)$$

式中：

d_c——锚索的等效直径，单位为米（m）；

L_e——锚索的有效锚固长度，单位为米（m）；

τ_2——钢绞线与砂浆之间的黏结强度，单位为千帕（kPa），$\tau_2 = K_1 R$，R 为砂浆的极限抗压强度，系数 K_1 取值 0.5～0.55。

砂浆同孔壁的摩阻力 P_3 的计算公式：

$$P_3 = \pi D L_e \tau_3 \quad\quad\quad\quad\quad\quad\quad\quad\quad (22)$$

式中：

D——锚索孔的直径，单位为米（m）；

τ_3——砂浆与孔壁岩土之间的黏结强度，单位为千帕（kPa）。

锚固段岩体的稳定力 P_4 的计算公式中，按柯因假定进行计算，以锚固段底端为顶点，扩散角为 90°的圆锥体的抗拔力：

$$P_4 = \frac{1}{3}\pi r^2 h_{yz} \rho K_2 + \pi r c \frac{h_{yz} K_2}{\cos 45°} \quad\quad\quad\quad (23)$$

式中：

r——扩散角上边同滑面的交点至锚索中心线的垂直距离，单位为米（m）；

h_{yz}——倒圆锥体的高度，单位为米（m）；

ρ——岩土体容重，单位为千牛每立方米（kN/m³）；

c——岩土体的黏聚力，单位为千帕（kPa）；

K_2——系数，取值 0.4～0.7。

c) 预应力锚索设计时，应进行拉拔试验，校核内锚固段长度、握裹力设计数值。

6.3.5 锚拉桩内力计算

a) 单排锚索锚拉桩桩身内力计算

在确定满足强度验算要求的条件下，根据附录 F 中式（F.11）计算出锚索拉力 T_A，将其视为外力作用在桩顶，滑坡推力按分布力考虑，桩前滑面以上岩土体抗力按主动土压力计算，即可计算出桩身内力。

滑面以上桩自由段采用结构静力学求解计算。

滑面以下桩身内力及侧应力计算时，将荷载移至滑面处，求出 Q_0 和 M_0（其中 Q_0 为抗滑桩于滑面处所受剪力；M_0 为抗滑桩于滑面处所受弯矩）：

$$\begin{cases} Q_0 = E' - T_A - E_a \\ M_0 = E' L_0 - T_A h_1 - \frac{1}{3} E_a h_t \end{cases} \quad\quad\quad (24)$$

式中：

E'——设桩处滑坡推力，单位为千牛（kN）；

E_a——作用在抗滑桩上的主动土压力，单位为千牛（kN）；

h_1——抗滑桩受荷段长度，单位为米（m），受荷段指抗滑桩位于滑面以上的部分；

h_t——桩前滑面以上的滑体厚度，单位为米（m）；

L_0——设桩处滑坡推力合力作用点距离滑面的距离，单位为米（m）。

后续即可按 6.2 一般悬臂抗滑桩的方法求解桩身弯矩、剪力、侧应力和位移,采用与悬臂抗滑桩相同的方法进行桩体设计。

  b) 多排锚索锚拉桩桩身内力计算

多根锚索的锚拉桩内力计算参照附录 F 中的 F.2。据式(F.21)可得到锚索拉力,进行各根锚索的设计,后续抗滑桩的设计与悬臂抗滑桩相同。

  c) 锚固段桩周岩土体侧向应力

锚拉桩锚固段桩周岩土体侧向应力计算与悬臂抗滑桩相同。

6.3.6 桩锚结构变形(挠度)计算

  a) 弹性桩模式桩顶位移计算

桩顶位移可由第 $n-1$ 个和第 n 个锚索点的位移推算求得。其基本假定是从第 $n-1$ 个锚索点至桩顶的有限范围内的桩身位移曲线可进行分段取直处理(图3)。根据几何学的方法可求得桩顶的位移[式(25)]:

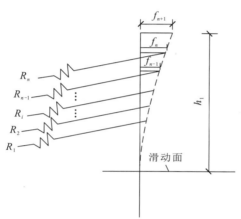

图 3 桩顶位移求解示意图

$$f_{n+1} = f_{n-1} + \frac{h_1 - L_{n-1}}{L_n - L_{n-1}}(f_n - f_{n-1}) \quad\quad\quad\quad\quad (25)$$

式中:

 L_{n-1}——第 $n-1$ 排锚索距离滑面的距离,单位为米(m);

 L_n——第 n 排锚索距离滑面的距离,单位为米(m);

 f_{n-1}——第 $n-1$ 排锚索的水平位移,单位为米(m);

 f_n——第 n 排锚索的水平位移,单位为米(m);

 f_{n+1}——第 $n+1$ 排锚索的水平位移,单位为米(m)。

按照桩顶位移控制标准进行校核,当位移值不能满足要求时,调整锚索预应力值和设计值,重新计算直到满足要求为止。

  b) 刚性桩模式桩顶位移计算

桩顶位移可由式(26)计算:

$$f_{n+1} = (x_0 + h_1)\varphi \quad\quad\quad\quad\quad (26)$$

式中:

 x_0——桩体围绕旋转的中心轴距滑动面的距离,单位为米(m);

 φ——桩体绕旋转中心旋转的角度,单位为弧度(rad)。

6.3.7 锚索张拉锁定

锚拉桩施工宜先进行抗滑桩施工,再进行锚索施工。锚拉桩桩体施工时,应预先埋设锚索通道。预应力锚索的张拉与锁定应符合下列规定:
  a) 锚索张拉宜在锚固体强度大于 20 MPa 并达到设计强度的 80% 后进行;
  b) 锚索张拉顺序应避免相近锚索相互影响;
  c) 锚索张拉控制应力不宜超过 0.65 倍钢绞线的强度标准值;
  d) 锚索进行正式张拉之前,应取 0.10~0.20 倍锚索轴向拉力值,对锚索预张拉 1~2 次,使其各部位的接触紧密并和杆体完全平直;
  e) 宜进行锚索设计预应力值 1.05~1.10 倍的超张拉。

6.3.8 预应力锚索极限承载力确定

预应力锚索极限承载力是指加荷至锚索锚固段出现破坏时的荷载,锚索破坏标准为:
  a) 锚头位移不收敛;
  b) 锚头总位移超过设计允许值;
  c) 后一级荷载作用下锚头位移增量达到或超过前一级荷载作用下锚头位移增量的 2 倍。

预应力锚索极限承载力基本值取破坏荷载前一级的荷载值。在最大试验荷载作用下未达到上述三条破坏标准时,预应力锚索极限承载力取最大荷载值为基本值。

6.4 抗滑桩护壁荷载及内力计算

6.4.1 护壁侧压力计算

护壁侧压力一般根据库伦主动土压力公式进行计算(附录 G.1)。

6.4.2 护壁结构内力计算

按板结构来进行护壁结构内力计算。
护壁内力计算方法见附录 G.2。

6.5 多排桩设计要求

6.5.1 对于滑坡推力较大、滑面埋深较深的滑坡,单排抗滑桩无法满足要求时,可以考虑使用多排桩进行支挡。

6.5.2 多排桩宜在桩间设置连系梁,使连系梁与桩顶形成刚性节点,内力计算采用平面刚架结构模型。

6.5.3 多排桩排距宜取 $2h(d)$~$4h(d)$(h 为桩的截面高度;d 为桩径)。连系梁宽度不小于 $h(d)$,高度不小于 $0.8h(d)$,连系梁高度与多排桩排距比值宜取 1/6~1/3。

6.5.4 排桩与连系梁节点处,桩的受拉钢筋与刚架梁的受拉钢筋的搭接长度不应小于受拉钢筋锚固长度的 1.5 倍,其节点构造应符合现行国家标准《混凝土结构设计规范》(GB 50010—2010)(2015 年版)对框架顶层端节点的有关规定。

6.5.5 多排桩设计可采用数值方法进行验算。

6.6 微型组合抗滑桩群设计要求

6.6.1 本规定适用于直径为 ϕ100 mm~ϕ300 mm 微型桩的组合抗滑桩群设计。

6.6.2 其他规定参照人工挖孔矩形抗滑桩。

6.6.3 微型桩群设计应包括平面布置、剖面布置、微型桩群和单个微型桩承受的滑坡推力、微型桩内力、微型桩单体结构、微型桩群连系梁和构造设计。

6.6.4 微型桩变形及内力计算可采用弹性分析法(附录H)。对于较完整的岩质滑坡,计算微型桩内力时,可假定作用于微型桩群的水平推力均匀分布于各排微型桩上;对于其他滑坡,各排微型桩所承担推力的比值可通过地区经验、试验及数值分析确定。

6.6.5 微型组合桩群设计应据防治工程的等级,按表3推荐的抗剪断设计安全系数取值,并采用数值模拟方法进行整体稳定性验算。

6.6.6 微型桩桩位宜设在滑坡体较薄、嵌固段地层强度较高的地段,桩前不宜完全临空。

6.6.7 微型组合桩群平面布置以"品"字形(俗称梅花形)为宜,桩顶宜用连系梁连接。

6.6.8 微型桩的桩径宜为100 mm～300 mm,长度一般不超过30 m,桩群间距宜取0.5 m～2.0 m,岩土体条件好时取上限值,岩土体条件差时取下限值。

6.6.9 微型桩在滑面以下的嵌固深度不宜大于$30d$(d为微型桩的桩径),且不宜大于1/3桩长,不宜小于2 m,并应符合微型桩的抗拉拔强度要求。

6.6.10 微型桩的受力筋可采用钢筋、型钢或钢管。微型桩孔内宜采用二次注浆工艺注浆,也可采用细石混凝土灌注。水泥砂浆的强度应不低于M25。细石混凝土的骨料粒径不宜大于20 mm,强度不宜小于C25。

7 抗滑桩结构设计

7.1 抗滑桩结构构造要求

7.1.1 挖孔桩直径或最小边宽度不宜小于1.2 m;钻孔桩设计直径不宜小于0.8 m。

7.1.2 桩顶宜埋置于地面以下0.5 m,应保证滑坡体不越过桩顶。当有特殊要求时,如作为建筑物基础等,桩顶可高于地面。

7.1.3 桩身混凝土强度不小于C30。地下水或环境土有侵蚀性时,水泥应按有关规定选用。受力筋的混凝土保护层厚度,在土体中当有混凝土护壁时不应小于50 mm,无混凝土护壁时不应小于70 mm,在岩体中不应小于50 mm。

7.1.4 纵向受拉钢筋宜采用HRB400,箍筋可采用HPB300或HRB335。

7.1.5 桩应按桩身内力大小分段配筋。当内力计算表明不需配筋时,应设通长构造钢筋,受力筋向不受力段延伸长度不宜小于钢筋直径的35倍,即$35d$。

7.1.6 桩内主筋直径不应小于16 mm,每桩的主筋数量不应少于8根,其净距不应小于80 mm且不应大于350 mm。

7.1.7 如配筋较多,可采用束筋。组成束筋的单根钢筋直径不宜大于36 mm,每束不宜多于3根。束筋成束后等代直径为$d_e=\sqrt{n}d$,式中,n为单束钢筋根数,d为单根钢筋直径。

7.1.8 纵向受拉钢筋如配置单排钢筋有困难时,可设置两排或三排,排距宜控制为120 mm～200 mm,抗弯计算时按两排或三排的合力点计算。

7.1.9 桩内不宜配置弯起钢筋,可适当配定位筋,可采用调整箍筋的直径、间距和桩身截面尺寸等措施,以满足斜截面的抗剪强度。

7.1.10 箍筋宜采用封闭式。肢数不宜多于4肢,直径不应小于主筋直径的1/4,其直径一般为10 mm～16 mm,且不应小于8 mm,其中距不应大于主筋直径的15倍且不应大于400 mm(图4),加密区不宜小于 100 mm。

7.1.11 圆形截面桩箍筋宜设置螺旋筋,钢筋笼骨架上每隔 2.0 m～2.5 m 设置直径 16 mm～32 mm 的加劲箍一道。钢筋笼四周应设置突出的定位钢筋、定位混凝土块,或采用其他定位措施。

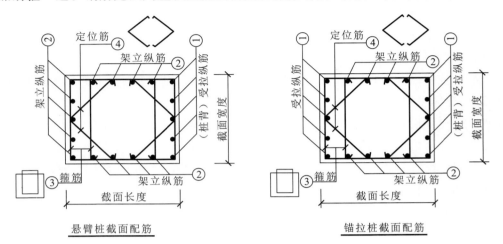

配筋表

配筋	①	②	③	④
钢筋直径/mm	≥16	≥16	8～12	8～12
钢筋间距/mm	≤200	≤200	≤200	≤400
钢筋种类	HRB335 HRB400	HRB335 HRB400	HRB300 HRB335	HRB300 HRB335

图 4 箍筋截面配筋图

7.1.12 钢筋的连接应符合《钢筋焊接及验收规程》(JGJ 18—2010),且应符合《钢筋机械连接技术规程》(JGJ 107—2016)。纵向受力筋的接头应相互错开,同一连接区段内接头面积不宜大于 50%。钢筋接头断面应避开滑面。

7.1.13 抗滑桩井口应设置锁口,桩井位于土层和风化破碎的岩层时宜设置护壁。一般地区锁口和护壁的混凝土强度等级不小于 C20,严寒及软土地区锁口和护壁的混凝土强度等级不小于 C25。

7.1.14 护壁尺寸及配筋,应通过计算确定。厚度不宜小于 100 mm;一般自稳性较好的可塑—硬塑状黏性土、稍密以上的碎块石土或基岩中为单节高度 1.0 m～1.2 m;软弱的黏性土或松散的、易垮塌的碎石层为 0.5 m～0.6 m;垮塌严重段宜先注浆后开挖。

7.1.15 当采用锚拉桩时,配筋除满足《混凝土结构设计规范》(GB 50010—2010)(2015 年版)外,尚应符合下列要求:

a) 受压区钢筋宜通长布置,一般不应截断(可顺桩头斜面弯起);
b) 锚索孔附近的桩身箍筋应适当加密,必要时应增设间接钢筋,以增强局部受压承载力;
c) 锚头部位应做成斜面,桩身安设锚索部位应做成三角形垫墩斜面,斜面与锚索垂直;
d) 锚索防腐等级按相关规范的要求;
e) 下列情况的锚索设计锚固力应根据拉张试验确定,试验方法参见有关规范。
   1) 采用新工艺、新材料或新技术的锚索;
   2) 无锚固工程经验的岩土层内的锚索;
   3) 一级抗滑工程的锚索。

7.1.16 锚束的结构设计应符合下列规定:

a) 锚束采用的高强预应力钢绞线的材质应符合《预应力混凝土用钢绞线》(GB/T 5224—2014)的规定。进行预应力锚索设计时,在设计张拉力作用下,钢材强度的利用系数宜为 0.6~0.65。

b) 沿锚束的长度方向应安设隔离架。对于陡倾角方向布置的锚索隔离架间距不宜大于4 m,对于缓倾角方向布置的锚索隔离架间距不宜大于2.0 m。隔离架中应预留灌浆管和排气管的通道。

c) 由黏结预应力锚索封孔灌浆后锚束的保护层厚度不应小于20 mm。

7.1.17 预应力锚索外锚头的结构设计应符合下列规定:

a) 外锚头及其各部件承载能力必须同单根锚索的最大张拉力相匹配,其材料性能应符合强度要求。

b) 外锚头结构型式应有利于孔口设备的布置与安装、锚索的张拉,且有利于锚索的锁定和多余钢绞线的切除。

c) 当锚索张拉时,采用的锚夹具应保证锚索受力均匀、夹片硬度适中并不损伤钢丝或钢绞线。锁定时,钢丝或钢绞线的回缩量不宜大于5 mm。

d) 孔口混凝土垫墩应保证传力均匀。垫墩尺寸应根据单根锚索的最大张拉力、垫墩材料性质、锚索孔口周围的地质情况及其力学性质,通过计算确定。垫墩混凝土的强度等级不应低于C30。

e) 垫墩顶面应设置钢垫板,其平面尺寸可略小于垫墩上平面尺寸,厚度不宜小于20 mm。钢垫板和垫墩的承力面,应垂直于锚索孔的轴线,其角度偏差不宜大于±2°。

7.2 抗滑桩承载力计算

7.2.1 抗滑桩结构设计验算内容包括抗滑桩受弯桩、偏心受力桩正截面承载力验算以及斜截面承载力验算。

7.2.2 受弯桩、偏心受力桩正截面承载力计算时,受压区混凝土的应力图可简化为等效的矩形应力图(图5)。

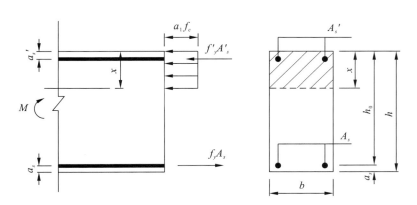

图5 矩形截面受弯桩正截面受弯承载力计算

a) 矩形截面受弯桩,当计入纵向受压钢筋时,其正截面受弯承载力应符合式(27)规定:

$$M \leqslant \alpha_1 f_c b x \left(h_0 - \frac{x}{2}\right) + f_y' A_s' (h_0 - a_s') \quad \cdots\cdots\cdots\cdots\cdots (27)$$

混凝土受压区高度应按式(28)确定。即:

$$\alpha_1 f_c b x = f_y A_s - f_y' A_s' \quad \cdots\cdots (28)$$

混凝土受压区高度尚应符合式(29)：

$$x \leqslant \xi_b h_0 \quad \cdots\cdots (29)$$

考虑纵向受压筋时,混凝土受压区高度尚应符合式(30)：

$$x \geqslant 2a_s' \quad \cdots\cdots (30)$$

式中：

α_1——系数,混凝土强度等级不超过C50时取1,当混凝土强度等级为C80时取0.94,期间按线性内插法确定；

A_s、A_s'——受拉区、受压区纵向钢筋的截面面积,单位为平方毫米(mm^2)；

a_s'——受压区纵向钢筋合力点至截面受压边缘的距离,单位为米(m)；

b——矩形截面的宽度,单位为米(m)；

f_c——混凝土轴心抗压强度设计值,单位为兆帕(MPa)；

f_y——钢筋抗拉强度设计值,单位为兆帕(MPa)；

f_y'——钢筋抗压强度标准值,单位为兆帕(MPa)；

h_0——截面有效高度,单位为米(m)；

x——混凝土受压区高度,单位为米(m)；

ξ_b——相对界限受压高度,单位为米(m)。

b) 受弯桩正截面受弯承载力计算应符合本标准式(27)的要求。当由构造要求或按正常使用极限状态验算要求配置的纵向受拉钢筋截面面积大于受弯承载力要求的配筋面积时,按本标准式(28)计算的混凝土受压区高度x,可仅计入受弯承载力条件所需的纵向受拉钢筋截面面积。

c) 当不计入纵向受压钢筋时,矩形截面受弯桩,正截面受弯承载力应符合式(31)规定：

$$M \leqslant \alpha_1 f_c b x (h_0 - \frac{x}{2}) \quad \cdots\cdots (31)$$

7.2.3 矩形截面抗滑桩受弯时,抗滑桩斜截面上的最大剪力设计值V按式(32)和式(33)计算。

当$h_0/b \leqslant 4$时,抗滑桩斜截面上的最大剪力设计值V为：

$$V = 0.25 \beta_c f_c b h_0 \quad \cdots\cdots (32)$$

当$h_0/b \geqslant 6$时,抗滑桩斜截面上的最大剪力设计值V为：

$$V = 0.20 \beta_c f_c b h_0 \quad \cdots\cdots (33)$$

当$4 < h_0/b < 6$时,V值按线性内插法确定。

式中：

β_c——混凝土强度影响系数；当混凝土强度等级不超过C50时,β_c取值为1.0。

7.2.4 在计算斜截面的受剪承载力时,剪力设计值的计算截面按《混凝土结构设计规范》(GB 50010—2010)(2015年版)中第6.3.2条的规定采用。

7.2.5 矩形截面抗滑桩,当仅配置箍筋时,其斜截面受剪承载力应符合式(34)规定。即：

$$V \leqslant 0.7 f_t b h_0 + f_{yv} \frac{A_{sv}}{s} h_0 \quad \cdots\cdots (34)$$

式中：

A_{sv}——配置在同一截面内箍筋各肢的全部截面面积,单位为平方毫米(mm^2)；

s——沿构件长度方向的箍筋间距,单位为毫米(mm)；

f_{yv}——箍筋的抗拉强度设计值,单位为兆帕(MPa)；

f_t——混凝土抗拉强度设计值,单位为兆帕(MPa)。

7.2.6 圆形桩结构设计验算包括均匀配筋钢筋和非均匀配筋钢筋的正截面受弯承载力验算。

a) 圆形抗滑桩均匀配筋钢筋应沿桩周均匀布设,当钢筋根数不少于6根时,圆形抗滑桩截面受弯承载力按式(35)计算:

$$M = \frac{2}{3} f_{cm} A r \frac{\sin^3 \pi \alpha}{\pi} + f_y A_s r_s \frac{\sin \pi \alpha + \sin \pi \alpha_t}{\pi} \quad \cdots\cdots (35)$$

$$\alpha f_{cm} A \left(1 - \frac{\sin 2\pi\alpha}{2\pi\alpha}\right) + (\alpha - \alpha_t) f_y A_s = 0 \quad \cdots\cdots (36)$$

$$\alpha_t = \begin{cases} 1.25 - 2\alpha & 0 \leq \alpha \leq 0.625 \\ 0 & 0.625 \leq \alpha \leq 1 \end{cases} \quad \cdots\cdots (37)$$

式中:
M——抗滑桩正截面受弯承载力,单位为千牛(kN);
A——抗滑桩横截面积,单位为平方米(m^2);
A_s——桩的配筋面积,单位为平方毫米(mm^2);
r——抗滑桩的半径,单位为米(m);
r_s——纵向钢筋所在圆周的半径,单位为毫米(mm);
α——对应于受压区混凝土截面面积的圆心角与2π的比值;
α_t——纵向受拉钢筋截面面积与全部纵向钢筋截面面积的比值;
f_{cm}——混凝土弯曲抗压强度设计值,单位为兆帕(MPa)。

b) 圆形抗滑桩非均匀配筋宜按120°夹角非均匀配筋计算理论计算,正截面强度计算公式(38)如下:

$$M = \frac{2}{3} f_{cm} A r \frac{\sin^3 \pi \alpha}{\pi} + f_y A_{s0} r_s \frac{\sin \pi \alpha + \sin \pi \alpha_t}{\pi} + 1.1026528 f_y A_{s1} r_s \quad \cdots\cdots (38)$$

$$\alpha f_{cm} A \left(1 - \frac{\sin 2\pi\alpha}{2\pi\alpha}\right) + (\alpha - \alpha_t) f_y A_{s0} - f_y A_{s1} = 0 \quad \cdots\cdots (39)$$

$$\alpha_t = \begin{cases} 1.25 - 2\alpha & 0 \leq \alpha \leq 0.625 \\ 0 & 0.625 \leq \alpha \leq 1 \text{ 或 } \alpha < 0 \end{cases} \quad \cdots\cdots (40)$$

式中:
A_{s0}——沿周边均匀配置的钢筋面积,单位为平方毫米(mm^2);
A_{s1}——120°夹角内增加的抗拉钢筋面积,单位为平方毫米(mm^2)。
其余符号意义同前。

7.3 锚索结构设计验算

7.3.1 锚索设计除应满足锚索一般规定外,还应验算抗滑桩桩体锚头处混凝土抗压强度,满足局部抗压要求。

7.3.2 锚索轴向拉力标准值应按下式计算:

$$P = \frac{N}{\cos \alpha} \quad \cdots\cdots (41)$$

式中:
P——相应于作用的标准组合时锚索所受轴向拉力,单位为千牛(kN);
N——锚索水平拉力标准值,单位为千牛(kN);
α——锚索倾角,单位为度(°)。

7.3.3 锚索钢绞线截面面积应满足下列公式的要求：

$$A_s \geq \frac{K_b P}{f_{py}} \quad\quad\quad\quad\quad\quad\quad\quad\quad\quad (42)$$

式中：

A_s——预应力锚索截面面积，单位为平方米(m²)；

f_{py}——钢绞线抗拉强度设计值，单位为千帕(kPa)；

K_b——锚索杆体抗拉安全系数，取值范围1.8～2.2。

7.3.4 锚索锚固体与岩土层间的长度应满足下式的要求：

$$l_a \geq \frac{K_a N}{\pi D f_{rb}} \quad\quad\quad\quad\quad\quad\quad\quad\quad\quad (43)$$

式中：

D——锚索锚固体钻孔直径，单位为米(m)；

K_a——锚索锚固体抗拔安全系数，取值范围2.2～2.6；

l_a——锚索锚固段长度，单位为米(m)；

f_{rb}——岩土层与锚固体极限黏结强度特征值，单位为千帕(kPa)；应通过试验确定，当无试验资料时，可按附表K.1和附表K.2取值。

7.3.5 锚索体与锚固砂浆间的锚固长度应满足下式的要求：

$$l_a \geq \frac{K_a N}{n \pi d f_b} \quad\quad\quad\quad\quad\quad\quad\quad\quad\quad (44)$$

式中：

l_a——锚筋与砂浆间的锚固长度，单位为米(m)；

d——锚筋直径，单位为米(m)；

n——钢绞线根数，单位为根(根)；

f_b——锚筋与砂浆间黏结强度设计值，单位为千帕(kPa)；应通过试验确定，当无试验资料时可按 M25—2.75，M30—2.95 和 M35—3.40 取值。

8 抗滑桩施工、检测与监测要求

8.1 抗滑桩施工要求

8.1.1 抗滑桩要按照施工图准确定位。

8.1.2 抗滑桩按由浅至深、由两侧向中间的顺序施工。应采用间隔开挖方式，每次间隔1～2孔。成孔后应及时浇注混凝土，7 d～15 d 后方可开挖相邻桩。

8.1.3 开挖过程及时进行地质编录。

8.1.4 滑带、实挖桩底高程应由施工单位会同设计、勘察、监理、业主等单位现场确定。

8.1.5 桩身混凝土宜采用商品混凝土，条件不允许时可采用现场搅拌。

8.1.6 桩身混凝土灌注应连续进行，不留施工缝。

8.1.7 当无法实施抽水施工时，宜采用机械成孔。

8.2 抗滑桩检测

8.2.1 抗滑桩桩身完整性、桩身混凝土强度检测通常采用声波透射法。当桩身有缺陷时，用钻孔取芯法进一步验证。

8.2.2 抗滑桩桩身完整性检测应按100%进行检测进行,桩径800 mm以上、矩形桩短边边长1 000 mm以上,应采用声波透射法;桩径800 mm以下、矩形桩短边边长1 000 mm以下和微型桩采用低应变法。

8.2.3 锚拉桩宜随机抽取总数的10%～20%进行超张拉检验,张拉力为设计锚固力的120%,且张拉实际伸长值符合设计要求。

8.3 抗滑桩监测

8.3.1 抗滑桩监测系统应根据整个滑(斜)坡地质灾害防治监测系统的要求统一布设。

8.3.2 抗滑桩监测主要包括施工安全监测、防治效果监测和动态长期监测。应以施工安全监测和防治效果监测为主,所布网点应可供长期监测利用。

8.3.3 Ⅰ级滑坡防治工程,应进行抗滑桩应力、位移监测;Ⅱ级滑坡防治工程,宜进行抗滑桩应力、位移监测,位移监测可以桩顶位移监测为主;Ⅲ级滑坡防治工程,可进行桩顶位移监测。

8.3.4 锚拉桩应进行锚索预应力监测。监测锚索的数量不少于10%。Ⅰ级滑坡防治工程不少于2根。

8.3.5 主剖面上的桩应进行监测,监测桩的数量不少于10%。Ⅰ级滑坡防治工程不少于3根,主剖面上的桩应进行监测。

8.3.6 监测数据的采集应采用自动化方式。

8.3.7 防治效果监测时间不应小于一个水文年,数据采集时间间隔宜为7 d～10 d。在外界扰动较大时,如暴雨期间,应加密观测次数。主要包括监测预应力锚索应力值的变化、抗滑桩的变形和土压力。

8.3.8 抗滑桩长期监测在防治工程竣工后。长期监测主要对Ⅰ级滑坡防治工程进行。数据采集时间间隔宜为10 d～15 d。动态变化较大时,可适当加密观测次数。

8.3.9 抗滑桩监测应采用先进和经济实用的技术方法,与群测群防相结合。

9 设计成果

9.1 设计成果内容

9.1.1 设计说明

a) 工程概况,工程地质及水文地质条件简述,稳定性验算结论,设计原则和依据,设计措施,施工条件,材料要求,施工技术要求,监测工程。

b) 工程量汇总表。

9.1.2 图件

a) 抗滑桩治理工程平面布置图
   1) 场地位置、地形、征地红线;
   2) 抗滑桩平面布置、桩位坐标、各控制点的坐标与工程量表;
   3) 剖切线位置和编号、指北针;
   4) 说明、图纸名称、图签。

b) 抗滑桩治理工程剖面图
   1) 抗滑桩剖面布置、桩顶高程、高程坐标和水平标尺;
   2) 剖切线位置和编号;
   3) 说明、图纸名称和图签。

c) 抗滑桩治理工程立面图
   1) 抗滑桩横剖面布置、桩顶高程、高程坐标和水平标尺；
   2) 说明、图纸名称和图签。
d) 结构详图
   1) 抗滑桩桩身、锁口护壁结构详图及配筋图；
   2) 桩身和锚索连接部分细部结构图；
   3) 锚索结构图；
   4) 钢筋大样图及计算用量表；
   5) 说明、图纸名称、图签。
e) 监测工程平面图
   场地地形和监测点的坐标、类型等。
f) 监测工程结构详图
g) 施工组织平面布置图
   1) 场地地形、拟建（构）筑物的位置与轮廓尺寸；
   2) 材料堆放、拌合站及设备维修等的位置与面积；
   3) 施工道路、办公与生活用房等临时设施的位置与面积；
   4) 消防及环保设施布设等。

9.1.3 计算书

主要包含滑坡推力计算、单桩内力及位移计算、单桩及锚索承载力验算。

9.1.4 概（预）算书

按设计阶段分别为投资估算、设计概算和施工图预算。

9.2 设计成果要求

9.2.1 成果书写格式

a) 设计成果应按照内容分节撰写绘制，层次清楚。
b) 文字及图件的术语、符号、单位应前后一致，符合国家现行标准。

9.2.2 图件比例尺

a) 抗滑桩治理工程平面布置图（1∶500～1∶2 000）
b) 抗滑桩治理工程剖面图（1∶200～1∶1 000）
c) 抗滑桩治理工程立面图（1∶500～1∶1 000）
d) 结构详图（1∶50～1∶200）
e) 监测工程平面图（1∶500～1∶2 000）
f) 监测工程结构详图（1∶50～1∶200）
g) 施工组织平面布置图（1∶500～1∶2 000）

9.2.3
本标准对设计成果的要求具有通用性。对于具体的工程项目设计，执行时应根据项目的内容和设计范围对本标准的内容进行合理调整。

附 录 A
（资料性附录）
钢筋参数表

A.1 单肢箍 Asv1/s(mm²/mm)

表 A.1 单肢箍 Asv1/s(mm²/mm)

箍筋间距 s/mm	钢筋直径 d/mm			
	6	8	10	12
100	0.283	0.503	0.785	1.131
150	0.188	0.335	0.523	0.754
200	0.142	0.251	0.392	0.566

A.2 钢筋弯钩增长值一览表

表 A.2 钢筋弯钩增长值一览表

钢筋直径 d/mm	弯钩增长值/cm				理论重量 /(kg/m)	螺纹钢筋外径 /mm
	光圆钢筋			螺纹钢筋		
	90°	135°	180°	90°		
10	3.5	4.9	6.3	4.2	0.617	11.3
12	4.2	5.8	7.5	5.1	0.888	13
14	4.9	6.8	8.8	5.9	1.21	15.5
16	5.6	7.8	10	6.7	1.58	17.5
18	6.3	8.8	11.3	7.6	2	20
20	7	9.7	12.5	8.4	2.47	22
22	7.7	10.7	13.8	9.3	2.98	24
25	8.8	12.2	15.6	10.5	3.85	27
28	9.8	13.6	17.5	11.8	4.83	30
32	11.2	15.6	20	13.5	6.31	34.5
36	12.6	17.5	22.5	15.2	7.99	39.5
40	14	19.5	25	16.8	9.87	43.5

A.3 钢筋弯折修正值一览表

表 A.3 钢筋弯折修正值一览表

钢筋直径 d/mm	弯折修正值			
	光圆钢筋		螺纹钢筋	
	45°	90°	45°	90°
10		−0.8		−1.3
12	−0.5	−0.9	−0.5	−1.5
14	−0.6	−1.1	−0.6	−1.8
16	−0.7	−1.2	−0.7	−2.1
18	−0.8	−1.4	−0.8	−2.3
20	−0.9	−1.5	−0.9	−2.6
22	−0.9	−1.7	−0.9	−2.8
25	−1.1	−1.9	−1.1	−3.2
28	−1.2	−2.1	−1.2	−3.6
32	−1.4	−2.4	−1.4	−4.1
36	−1.5	−2.7	−1.5	−4.6
40	−1.7	−3	−1.7	−5.2

附 录 B
（资料性附录）
混凝土参数表

B.1 混凝土强度设计值（N/mm²）

表 B.1 混凝土强度设计值（N/mm²）

强度种类	混凝土强度等级													
	C15	C20	C25	C30	C35	C40	C45	C50	C55	C60	C65	C70	C75	C80
f_c	7.2	9.6	11.9	14.3	16.7	19.1	21.1	23.1	25.3	27.5	29.7	31.8	33.8	35.9
f_t	0.91	1.10	1.27	1.43	1.57	1.71	1.80	1.89	1.96	2.04	2.09	2.14	2.18	2.22

B.2 混凝土弹性模量（×10⁴ N/mm²）

表 B.2 混凝土弹性模量（×10^4 N/mm²）

混凝土强度等级	C15	C20	C25	C30	C35	C40	C45	C50	C55	C60	C65	C70	C75	C80
E_c	2.20	2.55	2.80	3.00	3.15	3.25	3.35	3.45	3.55	3.60	3.65	3.70	3.75	3.85

附 录 C
（资料性附录）
抗滑桩设计地基系数表（K法、m法、抗压强度与地基系数）

C.1 水平地基系数 K 可以由旁压试验或大型实体推桩试验确定，无试验资料时可按表 C.1、表 C.2 取值。

表 C.1 抗滑桩嵌岩段岩石的抗压强度和水平地基系数 K

序号	单轴极限抗压强度/kPa	水平地基系数 $K/(kN/m^3)$
1	10 000	60 000～160 000
2	15 000	150 000～200 000
3	20 000	180 000～240 000
4	30 000	240 000～320 000
5	40 000	360 000～480 000
6	50 000	480 000～640 000
7	60 000	720 000～960 000
8	80 000	900 000～2 000 000

表 C.2 抗滑桩嵌岩段岩质地层物理力学指标和水平地基系数 K

地层种类	内摩擦角 φ/(°)	弹性模量 E_0/kPa	泊松比 μ	水平地基系数 $K/(kN/m^3)$	剪切应力/kPa
细粒花岗岩、正长岩	80 以上	5 430～6 900	0.25～0.30	$2.0×10^6$～$2.5×10^6$	1 500 以上
辉绿岩、玢岩		6 700～7 870	0.28	$2.5×10^6$	
中粒花岗岩		5 430～6 500	0.25	$1.8×10^6$～$2.0×10^6$	
粗粒正长岩、坚硬白云岩		6 560～7 000			
坚硬石灰岩	80 以上	4 400～10 000	0.25～0.30	$1.2×10^6$～$2.0×10^6$	1 500
坚硬砂岩、大理岩		4 660～5 430			
粗粒花岗岩、花岗片麻岩		5 430～6 000			
较坚硬石灰岩	75～80	4 400～9 000	0.25～0.30	$0.8×10^6$～$1.2×10^6$	1 200～1 400
较坚硬砂岩		4 460～5 000			
不坚硬花岗岩		5 430～6 000			
坚硬页岩	70～75	2 000～5 500	0.15～0.30	$0.4×10^6$～$0.8×10^6$	700～1 200
普通石灰岩		4 400～8 000	0.25～0.30		
普通砂岩		4 600～5 000	0.25～0.30		

表 C.2 抗滑桩嵌岩段岩质地层物理力学指标和水平地基系数 K（续）

地层种类	内摩擦角 φ /(°)	弹性模量 E_0 /kPa	泊松比 μ	水平地基系数 K/(kN/m³)	剪切应力 /kPa
坚硬泥灰岩	70	800～1 200	0.29～0.38	0.3×10^6～0.4×10^6	500～700
较坚硬页岩		1 980～3 600	0.25～0.30		
不坚硬石灰岩		4 400～6 000	0.25～0.30		
不坚硬砂岩		1 000～2 780	0.25～0.30		
较坚硬泥灰岩	65	700～900	0.29～0.38	0.2×10^6～0.3×10^6	300～500
普通页岩		1 900～3 000	0.15～0.20		
软石灰岩		4 400～5 000	0.25		
不坚硬泥灰岩	45	30～500	0.29～0.38	0.06×10^6～0.12×10^6	150～300
硬化黏土		10～300	0.30～0.37		
软片岩		500～700	0.15～0.18		
硬煤		50～300	0.30～0.40		
密实黏土	30～45	10～300	0.30～0.37	0.03×10^6～0.06×10^6	100～150
普通煤		50～300	0.30～0.40		
胶结卵石		50～100			
掺石土		50～100			

C.2 地基水平抗力系数的比例系数 m 由试验确定，无试验数据时，表 C.3 可供参考。

表 C.3 地基土水平抗力系数的比例系数 m

序号	地基土类别	比例系数 m /(MN/m⁴)	相应单桩在地面处水平位移/mm
1	淤泥、饱和湿陷性黄土	2.5～6	6～12
2	流塑($I_L>1$)、软塑($0.75<I_L\leqslant1$)状黏性土，$e>0.9$ 粉土，松散粉细砂，松散、稍密填土	6～14	4～8
3	可塑($0.25<I_L\leqslant0.75$)状黏性土，$e=0.75$～0.9 粉土，湿陷性黄土，中密填土，稍密细砂	14～35	3～6
4	硬塑($0<I_L\leqslant0.25$)、坚硬($I_L\leqslant0$)状黏性土，湿陷性黄土，$e<0.75$ 粉土，中密中粗砂，密实老填土	35～100	2～5
5	中密、密实的砂砾，碎石类土	100～300	1.5～3

注1：当桩顶水平位移大于表列数值或当灌注桩配筋率较高(≥0.65%)时，m 值应适当降低。
注2：当水平荷载为长期或经常出现的荷载时，应将表列数值乘以 0.4，降低采用。

附 录 D
（资料性附录）
滑坡稳定性评价和推力计算公式

D.1 堆积层（包括土质）滑坡稳定性评价和推力计算

D.1.1 滑动面为单一平面或圆弧形（图D.1）

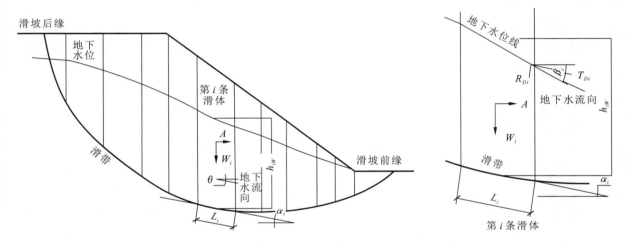

图D.1 瑞典条分法（圆弧型滑动面）（堆积层滑坡计算模型之一）

a) 滑坡稳定性计算

$$K_f = \frac{\sum\{[W_i(\cos\alpha_i - A\sin\alpha_i) - N_{W_i} - R_{Di}]\tan\varphi_i + c_iL_i\}}{\sum[W_i(\sin\alpha_i + A\cos\alpha_i) + T_{Di}]} \quad \cdots\cdots (D.1)$$

其中，孔隙水压力 $N_{W_i} = \gamma_W h_{iW} L_i \cos\alpha_i$，即近似等于浸润面以下土体的面积 $h_{iW}L_i\cos\alpha_i$ 乘以水的容重 γ_W（kN/m³）；

渗透压力产生的平行滑面分力 T_{Di}：

$$T_{Di} = N_{W_i}\sin\beta_i\cos(\alpha_i - \beta_i) \quad \cdots\cdots (D.2)$$

渗透压力产生的垂直滑面分力 R_{Di}：

$$R_{Di} = N_{W_i}\sin\beta_i\sin(\alpha_i - \beta_i) \quad \cdots\cdots (D.3)$$

式中：

W_i——第 i 条块的重量，单位为千牛每米（kN/m）；

c_i——第 i 条块黏聚力，单位为千帕（kPa）；

φ_i——第 i 条块内摩擦角，单位为度（°）；

L_i——第 i 条块滑面长度，单位为米（m）；

α_i——第 i 条块滑面倾角，单位为度（°）；

β_i——第 i 条块地下水流向，单位为度（°）；

A——地震水平加速度，可按《建筑抗震设计规范》（GB 50011—2010）相关规定确定；

K_f——斜坡稳定性系数。

若假定有效应力：

$$\overline{N}_i = (1-r_U)W_i\cos\alpha_i \quad\quad\quad (D.4)$$

其中，r_U 是孔隙压力比，可表示为：

$$r_U = \frac{滑体水下体 \times 水的容重}{滑体总体积 \times 滑体容重} \approx \frac{滑体水下面积}{滑坡总面积 \times 2} \quad\quad\quad (D.5)$$

简化公式：

$$K_f = \frac{\sum\{W_i[(1-r_U)\cos\alpha_i - A\sin\alpha_i] - R_{Di}\}\tan\varphi_i + c_iL_i}{\sum[W_i(\sin\alpha_i + A\cos\alpha_i)T_{Di}]} \quad\quad\quad (D.6)$$

b) 滑坡推力计算公式

对剪切而言：

$$H_s = (K_s - K_f) \times \sum(T_i \times \cos\alpha_i) \quad\quad\quad (D.7)$$

对弯矩而言：

$$H_m = (K_s - K_f)/K_s \times \sum(T_i \times \cos\alpha_i) \quad\quad\quad (D.8)$$

式中：

H_s、H_m——推力，单位为千牛（kN）；

K_s——设计的安全系数；

T_i——条块重量在滑面切线方向的分力。

D.1.2 滑动面为折线形（图 D.2）

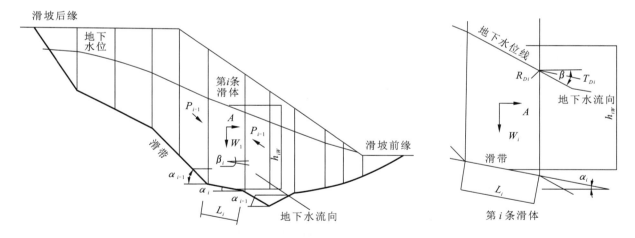

图 D.2 传递系数法（折线型滑动面）（堆积层滑坡计算模型之二）

a) 滑坡稳定性计算

$$K_f = \frac{\sum_{i=1}^{n=1}(((w_i((1-r_U)\cos\alpha_i - A\sin\alpha_i) - R_{Di})\tan\varphi_i + c_iL_i)\prod_{j=1}^{n-1}\Psi_j) + R_n}{\sum_{i=1}^{n-1}\{[W_i(\sin\alpha_i + A\cos\alpha_i) + T_{Di}]\prod_{j=1}^{n-1}\Psi_j\} + T_n} \quad\cdots(D.9)$$

式中：

$$R_n = \{W_n[(1-r_U)\cos\alpha_n - A\sin\alpha_n] - R_{Dn}\}\tan\varphi_n + c_nL_n$$

$$T_n = [W_n(\sin\alpha_n + A\cos\alpha_n)] + T_{Dn}$$

$$\prod_{j=1}^{n-1} \Psi_j = \Psi_i \Psi_{i+1} \Psi_{i+2} \cdots \Psi_{n-1}$$

式中：

Ψ_j——第 i 块段的剩余下滑力传递至第 $i+1$ 块段时的传递系数（$j=i$）。

$$\Psi_j = \cos(\alpha_i - \alpha_{i+1}) - \sin(\alpha_i - \alpha_{i+1})\tan\varphi_{i+1} \quad \cdots\cdots\cdots\cdots (D.10)$$

其余注释同上。

b) 滑坡推力

$$P_i = P_{i-1} \times \Psi + K_s \times T_i - R_i \quad \cdots\cdots\cdots\cdots (D.11)$$

式中：

P_i——第 i 条块的推力，单位为千牛每米（kN/m）；

P_{i-1}——第 i 条的剩余下滑力，单位为千牛每米（kN/m）。

下滑力 T_i：

$$T_i = W_i(\sin\alpha_i + A\cos\alpha_i) + N_{W_i}\sin\beta_i\cos(\alpha_i - \beta_i) \quad \cdots\cdots\cdots\cdots (D.12)$$

抗滑力 R_i：

$$R_i = W_i(\cos\alpha_i - A\sin\alpha_i) - N_{W_i} - N_{W_i}\sin\beta_i\sin(\alpha_i - \beta_i)\tan\varphi_i c_i L_i \quad \cdots\cdots (D.13)$$

传递系数：

$$\Psi\cos(\alpha_{i-1} - \alpha_i) - \sin(\alpha_{i-1} - \alpha_i)\tan\varphi_i \quad \cdots\cdots\cdots\cdots (D.14)$$

孔隙水压力 N_{W_i}：

$$N_{W_i} = \gamma_w h_{iw} h_i \cos\alpha_i \quad \cdots\cdots\cdots\cdots (D.15)$$

即近似等于浸润面以下土体的面积 $h_{iw} L_i \cos\alpha_i$ 乘以水的容重 γ_w。

渗透压力平行滑面的分力 T_{Di}：

$$T_{Di} = N_{W_i}\sin\beta_i\cos(\alpha_i - \beta_i) \quad \cdots\cdots\cdots\cdots (D.16)$$

渗透压力垂直滑面的分力：

$$R_{Di} = N_{W_i}\sin\beta_i\sin(\alpha_i - \beta_i) \quad \cdots\cdots\cdots\cdots (D.17)$$

当采用孔隙压力比时，抗滑力 R_i 可采用如下公式：

$$R_i = \{W_i[(1-r_U)\cos\alpha_i - A\sin\alpha_i] - \gamma_w h_{iw} L_i\}\tan\varphi_i + c_i L_i \quad \cdots\cdots\cdots (D.18)$$

式中：

r_U——孔隙压力比。

D.2 岩质滑坡稳定性评价（图 D.3）

$$K_f = \frac{[W(\cos\alpha - A\sin\alpha) - V\sin\alpha - U]\tan\varphi + cL}{W(\sin\alpha + A\cos\alpha) + V\cos\alpha} \quad \cdots\cdots\cdots\cdots (D.19)$$

其中，后缘裂缝静水压力 V：

$$V = \frac{1}{2}\gamma_w H^2 \quad \cdots\cdots\cdots\cdots (D.20)$$

沿滑面扬压力 U：

$$U = \frac{1}{2}\gamma_w L H \quad \cdots\cdots\cdots\cdots (D.21)$$

其余注释同上。

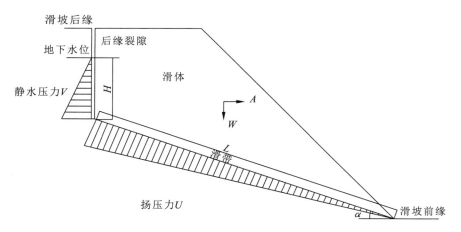

图 D.3 极限平衡法(岩质滑坡计算模型)

附 录 E
（资料性附录）
地基系数法

E.1 K法计算单桩内力及位移

E.1.1 基本微分方程：将桩视为一竖向弹性地基梁，由材料力学公式及 Winkler 假定可建立下述微分方程：

$$EI\frac{d^4 x}{dy^4} + KB_p x = 0 \quad \cdots\cdots (E.1)$$

式中：

K——水平地基系数，单位为千牛每立方米（kN/m³）；可以由旁压试验或大型实体推桩试验确定，无试验资料时，可按表 C.1 或表 C.2 取值；

B_p——桩的计算宽度，单位为米（m）。

E.1.2 桩身锚固段任一截面 y 处的水平位移 x、转角 φ、弯矩 M、剪力 Q 及桩周岩土侧向应力 σ 按下式计算：

$$\left. \begin{aligned} x(y) &= x_0 \varphi_1 + \frac{\varphi_0}{\beta}\varphi_2 + \frac{M_0}{\beta^2 EI}\varphi_3 + \frac{Q_0}{\beta^3 EI}\varphi_4 \\ \varphi(y) &= \beta\left(-4 x_0 \varphi_4 + \frac{\varphi_0}{\beta}\varphi_1 + \frac{M_0}{\beta^2 EI}\varphi_2 + \frac{Q_0}{\beta^3 EI}\varphi_3\right) \\ M(y) &= \beta^2 EI\left(-4 x_0 \varphi_3 - 4\frac{\varphi_0}{\beta}\varphi_4 + \frac{M_0}{\beta^2 EI}\varphi_1 + \frac{Q_0}{\beta^3 EI}\varphi_2\right) \\ Q(y) &= \beta^3 EI\left(-4 x_0 \varphi_2 - 4\frac{\varphi_0}{\beta}\varphi_3 - \frac{M_0}{\beta^2 EI}\varphi_4 + \frac{Q_0}{\beta^3 EI}\varphi_1\right) \\ \sigma(y) &= K_H x(y) \end{aligned} \right\} \quad \cdots\cdots (E.2)$$

$$\beta = \sqrt[4]{\frac{KB_p}{4EI}} \quad \cdots\cdots (E.3)$$

式中：

$\varphi_1、\varphi_2、\varphi_3、\varphi_4$——K 法影响函数值。

按下式计算：

$$\left. \begin{aligned} \varphi_1 &= \cos(\beta y)\mathrm{ch}(\beta y) \\ \varphi_2 &= \frac{1}{2}[\sin(\beta y)\mathrm{ch}(\beta y) + \cos(\beta y)\mathrm{sh}(\beta y)] \\ \varphi_3 &= \frac{1}{2}\sin(\beta y)\mathrm{sh}(\beta y) \\ \varphi_4 &= \frac{1}{4}[\sin(\beta y)\mathrm{ch}(\beta y) - \cos(\beta y)\mathrm{sh}(\beta y)] \end{aligned} \right\} \quad \cdots\cdots (E.4)$$

式中：

$Q_0、M_0$——滑动面处的剪力及弯矩，按 6.2.2 确定；

$x_0、\varphi_0$——滑动面处的水平位移及转角，根据桩底支承条件确定。

a) 当桩底为固定端时，$x_{h_z}=0$，$\varphi_{h_z}=0$

$$\left.\begin{aligned} x_0 &= \frac{M_0}{\beta^2 EI} \frac{\varphi_2^2 - \varphi_1 \varphi_3}{4\varphi_4 \varphi_2 + \varphi_1^2} + \frac{Q_0}{\beta^3 EI} \frac{\varphi_2 \varphi_3 - \varphi_1 \varphi_4}{4\varphi_4 \varphi_2 + \varphi_1^2} \\ \varphi_0 &= -\frac{M_0}{\beta EI} \frac{\varphi_1 \varphi_2 + 4\varphi_3 \varphi_4}{4\varphi_4 \varphi_2 - \varphi_1^2} - \frac{Q_0}{\beta^2 EI} \frac{\varphi_1 \varphi_3 + 4\varphi_4^2}{4\varphi_4 \varphi_2 - \varphi_1^2} \end{aligned}\right\} \quad \cdots\cdots (E.5)$$

b) 当桩底为铰支端时，$x_{h_z}=0$，$M_{h_z}=0$

$$\left.\begin{aligned} x_0 &= \frac{M_0}{\beta^2 EI} \frac{4\varphi_3 \varphi_4 + \varphi_1 \varphi_2}{4\varphi_2 \varphi_3 - \varphi_1 \varphi_4} + \frac{Q_0}{\beta^3 EI} \frac{4\varphi_4^2 + \varphi_2^2}{4\varphi_2 \varphi_3 - 4\varphi_1 \varphi_4} \\ \varphi_0 &= -\frac{M_0}{\beta EI} \frac{\varphi_1^2 + 4\varphi_3^2}{4\varphi_2 \varphi_3 - 4\varphi_1 \varphi_4} - \frac{Q_0}{\beta^2 EI} \frac{4\varphi_3 \varphi_4 + \varphi_1 \varphi_2}{4\varphi_2 \varphi_3 - 4\varphi_1 \varphi_4} \end{aligned}\right\} \quad \cdots\cdots (E.6)$$

c) 当桩底为自由端时，$Q_{h_z}=0$，$M_{h_z}=0$

$$\left.\begin{aligned} x_0 &= \frac{M_0}{\beta^2 EI} \frac{4\varphi_4^2 + \varphi_1 \varphi_3}{4\varphi_3^2 - 4\varphi_2 \varphi_4} + \frac{Q_0}{\beta^3 EI} \frac{\varphi_2 \varphi_3 - \varphi_1 \varphi_4}{4\varphi_3^2 - 4\varphi_2 \varphi_4} \\ \varphi_0 &= -\frac{M_0}{\beta EI} \frac{4\varphi_3 \varphi_4 + \varphi_1 \varphi_2}{4\varphi_3^2 - 4\varphi_2 \varphi_4} - \frac{Q_0}{\beta^2 EI} \frac{\varphi_2^2 - \varphi_1 \varphi_3}{4\varphi_3^2 - 4\varphi_2 \varphi_4} \end{aligned}\right\} \quad \cdots\cdots (E.7)$$

E.2 m法计算单桩内力及位移

E.2.1 基本假定

将承受水平荷载的单桩视作Winkler地基（由水平弹簧组成的线性变形体）上的竖直梁。在深度y处，地基对桩的水平抗力：

$$\sigma_x = c_x x \quad \cdots\cdots (E.8)$$

假定地基水平抗力系数的比例系数随深度增加：

$$c_x = my \quad \cdots\cdots (E.9)$$

由材料力学公式及Winkler假定可建立下述微分方程：

$$EI \frac{d^4 x}{dy^4} + my B_p x = 0 \quad \cdots\cdots (E.10)$$

式中：

m——地基水平抗力系数的比例系数，由试验确定，表C.3可供参考。

当h_m范围内存在两种不同土层时：

$$m = \frac{m_1 h_{m_1}^2 + m_2 (2h_{m_1} + h_{m_2}) h_{m_2}}{h_m^2} \quad \cdots\cdots (E.11)$$

当h_m范围内存在三种土层时：

$$m = \frac{m_1 h_{m_1}^2 + m_2 (2h_{m_1} + h_{m_2}) h_{m_2} + m_3 (2h_{m_1} + 2h_{m_2} + h_{m_3}) h_{m_3}}{h_m^2} \quad \cdots\cdots (E.12)$$

E.2.2 桩身锚固段任一截面y处的水平位移x、转角φ、弯矩M、剪力Q及桩周岩土侧向应力σ按下式计算：

$$\left.\begin{array}{l}x(y) = x_0 A_1 + \dfrac{\varphi_0}{\alpha} B_1 + \dfrac{M_0}{\alpha^2 EI} C_1 + \dfrac{Q_0}{\alpha^3 EI} D_1 \\[4pt] \varphi(y) = \alpha\left(x_0 A_2 + \dfrac{\varphi_0}{\alpha} B_2 + \dfrac{M_0}{\alpha^2 EI} C_2 + \dfrac{Q_0}{\alpha^3 EI} D_2\right) \\[4pt] M(y) = \alpha^2 EI\left(x_0 A_3 + \dfrac{\varphi_0}{\alpha} B_3 + \dfrac{M_0}{\alpha^2 EI} C_3 + \dfrac{Q_0}{\alpha^3 EI} D_3\right) \\[4pt] Q(y) = \alpha^3 EI\left(x_0 A_4 + \dfrac{\varphi_0}{\alpha} B_4 + \dfrac{M_0}{\alpha^2 EI} C_4 + \dfrac{Q_0}{\alpha^3 EI} D_4\right) \\[4pt] \sigma(y) = myx \end{array}\right\} \quad \cdots\cdots (E.13)$$

$$\alpha = \sqrt[5]{\dfrac{mB_p}{EI}} \quad \cdots\cdots\cdots\cdots\cdots\cdots (E.14)$$

式中：

A_i、B_i、C_i、D_i —— m 法影响函数值，按下式计算：

$$\left.\begin{array}{l}A_1 = 1 + \sum\limits_{k=1}^{\infty}(-1)^k \dfrac{(5k-4)!!}{(5k)!}(\alpha y)^{5k} \\[4pt] B_1 = \alpha y + \sum\limits_{k=1}^{\infty}(-1)^k \dfrac{(5k-3)!!}{(5k+1)!}(\alpha y)^{5k+1} \\[4pt] C_1 = \dfrac{(\alpha y)^2}{2!} + \sum\limits_{k=1}^{\infty}(-1)^k \dfrac{(5k-2)!!}{(5k+2)!}(\alpha y)^{5k+2} \\[4pt] D_1 = \dfrac{(\alpha y)^3}{3!} + \sum\limits_{k=1}^{\infty}(-1)^k \dfrac{(5k-1)!!}{(5k+3)!}(\alpha y)^{5k+3}\end{array}\right\}(k=1,2,3,\cdots) \quad \cdots\cdots (E.15)$$

$$\left.\begin{array}{l}A_1 = -\dfrac{1}{4!}(\alpha y)^4 + \dfrac{6}{9!}(\alpha y)^9 - \dfrac{6\times 11}{14!}(\alpha y)^{14} + \dfrac{6\times 11\times 16}{19!}(\alpha y)^{19} + \cdots \\[4pt] A_3 = -\dfrac{1}{3!}(\alpha y)^3 + \dfrac{6}{8!}(\alpha y)^8 - \dfrac{6\times 11}{13!}(\alpha y)^{13} + \dfrac{6\times 11\times 16}{18!}(\alpha y)^{18} + \cdots \\[4pt] A_4 = -\dfrac{1}{2!}(\alpha y)^2 + \dfrac{6}{7!}(\alpha y)^7 - \dfrac{6\times 11}{12!}(\alpha y)^{12} + \dfrac{6\times 11\times 16}{17!}(\alpha y)^{17} + \cdots\end{array}\right\} \quad \cdots (E.16)$$

$$\left.\begin{array}{l}B_2 = 1 - \dfrac{2}{5!}(\alpha y)^5 + \dfrac{2\times 7}{10!}(\alpha y)^{10} - \dfrac{2\times 7\times 12}{15!}(\alpha y)^{15} + \cdots \\[4pt] B_3 = -\dfrac{2}{4!}(\alpha y)^4 + \dfrac{2\times 7}{9!}(\alpha y)^9 - \dfrac{2\times 7\times 12}{14!}(\alpha y)^{14} + \cdots \\[4pt] B_4 = -\dfrac{2}{3!}(\alpha y)^3 + \dfrac{2\times 7}{8!}(\alpha y)^8 - \dfrac{2\times 7\times 12}{13!}(\alpha y)^{13} + \cdots\end{array}\right\} \quad \cdots\cdots (E.17)$$

$$\left.\begin{array}{l}C_2 = (\alpha z) - \dfrac{3}{6!}(\alpha y)^6 + \dfrac{3\times 8}{11!}(\alpha y)^{11} - \dfrac{2\times 7\times 13}{16!}(\alpha y)^{16} + \cdots \\[4pt] C_3 = 1 - \dfrac{3}{5!}(\alpha y)^5 + \dfrac{3\times 8}{10!}(\alpha y)^{10} - \dfrac{2\times 7\times 13}{15!}(\alpha y)^{15} + \cdots \\[4pt] C_4 = -\dfrac{3}{4!}(\alpha y)^4 + \dfrac{3\times 8}{9!}(\alpha y)^9 - \dfrac{2\times 7\times 13}{14!}(\alpha y)^{14} + \cdots\end{array}\right\} \quad \cdots\cdots (E.18)$$

$$\left.\begin{array}{l}D_2 = \dfrac{(\alpha y)^2}{2!} - \dfrac{4}{7!}(\alpha y)^7 + \dfrac{4\times 9}{12!}(\alpha y)^{12} - \dfrac{4\times 9\times 14}{17!}(\alpha y)^{17} + \cdots \\[4pt] D_3 = (\alpha y) - \dfrac{4}{6!}(\alpha y)^6 + \dfrac{4\times 9}{11!}(\alpha y)^{11} - \dfrac{4\times 9\times 14}{16!}(\alpha y)^{16} + \cdots \\[4pt] D_4 = 1 - \dfrac{4}{5!}(\alpha y)^5 + \dfrac{4\times 9}{10!}(\alpha y)^{10} - \dfrac{4\times 9\times 14}{15!}(\alpha y)^{15} + \cdots\end{array}\right\} \quad \cdots (E.19)$$

Q_0、M_0——滑动面处的剪力及弯矩,按 6.2.2 内容确定;

x_0、φ_0——滑动面处的水平位移及转角,根据桩底支承条件确定。

a) 当桩底为固定端时,$x_{h_2}=0$,$\varphi_{h_2}=0$

$$\left. \begin{array}{l} x_0 = \dfrac{M_0}{\alpha^2 EI}\dfrac{B_1 C_2 - C_1 B_2}{A_1 B_2 - B_1 A_2} + \dfrac{Q_0}{\alpha^3 EI}\dfrac{B_1 D_2 - D_1 B_2}{A_1 B_2 - B_1 A_2} \\ \varphi_0 = \dfrac{M_0}{\alpha EI}\dfrac{C_1 A_2 - A_1 C_2}{A_1 B_2 - B_1 A_2} + \dfrac{Q_0}{\alpha^2 EI}\dfrac{D_1 A_2 - A_1 D_2}{A_1 B_2 - B_1 A_2} \end{array} \right\} \quad \cdots\cdots\cdots\cdots (\text{E}.20)$$

b) 当桩底为铰支端时,$x_{h_2}=0$,$M_{h_2}=0$

$$\left. \begin{array}{l} x_0 = \dfrac{M_0}{\alpha^2 EI}\dfrac{C_1 B_3 - C_3 B_1}{A_3 B_1 - B_3 A_1} + \dfrac{Q_0}{\alpha^3 EI}\dfrac{B_3 D_1 - D_3 B_1}{A_3 B_1 - B_3 A_1} \\ \varphi_0 = \dfrac{M_0}{\alpha EI}\dfrac{C_3 A_1 - A_3 C_1}{A_3 B_1 - B_3 A_1} + \dfrac{Q_0}{\alpha^2 EI}\dfrac{D_3 A_1 - A_3 D_1}{A_3 B_1 - B_3 A_1} \end{array} \right\} \quad \cdots\cdots\cdots\cdots (\text{E}.21)$$

c) 当桩底为自由端时,$Q_{h_2}=0$,$M_{h_2}=0$

$$\left. \begin{array}{l} x_0 = \dfrac{M_0}{\alpha^2 EI}\dfrac{C_4 B_3 - C_3 B_4}{A_3 B_4 - B_3 A_4} + \dfrac{Q_0}{\alpha^3 EI}\dfrac{B_3 D_4 - D_3 B_4}{A_3 B_4 - B_3 A_4} \\ \varphi_0 = \dfrac{M_0}{\alpha EI}\dfrac{C_3 A_4 - A_3 C_4}{A_3 B_4 - B_3 A_4} + \dfrac{Q_0}{\alpha^2 EI}\dfrac{D_3 A_4 - A_3 D_4}{A_3 B_4 - B_3 A_4} \end{array} \right\} \quad \cdots\cdots\cdots\cdots (\text{E}.22)$$

当滑动面处的地基系数 $C_x = A + my$ 不为零时,上述公式不能直接使用。为此,需按照下述方法处理(图 E.1)。

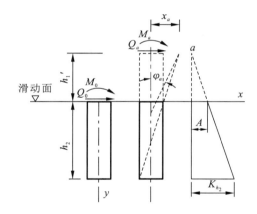

图 E.1 滑动面处抗力不为零时的示意图

将地基系数的变化图形向上延伸至 a 点,延伸部分为虚线,其高度为:

$$h_1' = \dfrac{A}{m} \quad \cdots\cdots\cdots\cdots\cdots\cdots\cdots\cdots\cdots\cdots\cdots (\text{E}.23)$$

将虚点 a 以下视为锚固段深度为 $h_2 + h_1'$ 的抗滑桩,即可直接使用已有的公式计算,但须重新确定 a 点的初参数 M_a、Q_a、x_a 和 φ_a。在 M_a 和 Q_a 的作用下,必须满足当滑动面处 $M=M_0$,$Q=Q_0$,x_a 和 φ_a 根据桩底支承条件确定。

E.3 刚性桩锚固段内力及位移计算

E.3.1 桩身内力基本公式

当刚性桩身埋入一种地层、滑动面以下岩土体为相同 m 值,滑动面处桩前、后岩土的地基系数

为 A、A'，见图 E.2，可视桩底为自由端条件，桩身锚固段任一截面 y 处的水平位移 x、弯矩 M、剪力 Q 及桩周岩土侧向应力 σ_y 按下式计算：

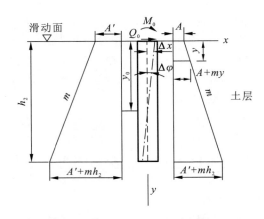

图 E.2 地基系数 $K = A + my$ 地层中的刚性桩图

当 $y < y_0$ 时：

$$\Delta x = (y_0 - y)\Delta\varphi \quad \cdots\cdots (E.24)$$

$$\sigma_y = (A + my)(y_0 - y)\Delta\varphi \quad \cdots\cdots (E.25)$$

$$Q_y = Q_0 - \frac{1}{2}B_p A \Delta\varphi y(2y_0 - y) - \frac{1}{6}B_p m \Delta\varphi y^2 (3y_0 - 2y) \quad \cdots\cdots (E.26)$$

$$M_y = M_0 + Q_0 y - \frac{1}{6}B_p A \Delta\varphi y^2 (3y_0 - y) - \frac{1}{12}B_p m \Delta\varphi y^3 (2y_0 - y) \quad \cdots (E.27)$$

当 $y \geqslant y_0$ 时：

$$\Delta x = (y - y_0)\Delta\varphi \quad \cdots\cdots (E.28)$$

$$\sigma_y = (A' + my)(y_0 - y)\Delta\varphi \quad \cdots\cdots (E.29)$$

$$Q_y = Q_0 - \frac{1}{6}B_p m \Delta\varphi y^2(3y_0 - 2y) - \frac{1}{2}B_p A \Delta\varphi y_0^2 + \frac{1}{2}B_p A' \Delta\varphi (y - y_0)^2 \quad \cdots (E.30)$$

$$M_y = M_0 + Q_0 y - \frac{1}{6}B_p A \Delta\varphi y_0^2 (3y - y_0) + \frac{1}{6}B_p A' \Delta\varphi (y - y_0)^3 - \frac{1}{12}B_p m \Delta\varphi y^3 (2y_0 - y) \quad \cdots\cdots (E.31)$$

式中：

$\Delta\varphi$——桩的旋转角，单位为弧度（rad）；

y_0——滑动面至桩旋转中心的距离，单位为米（m）；

h_2——滑动面以下桩的长度，单位为米（m）；

y_0、$\Delta\varphi$ 可由静力平衡条件按式（E.32）、式（E.33）联立求得：

$$\sum H = 0$$

$$Q_0 = \frac{1}{2}B_p A \Delta\varphi y_0^2 - \frac{1}{2}B_p A' \Delta\varphi (h_2 - y_0)^2 + \frac{1}{6}B_p m \Delta\varphi h_2^2 (3y_0 - 2h_2) \quad \cdots\cdots (E.32)$$

$$\sum M = 0$$

$$M_0 + Q_0 h_2 = \frac{1}{6} B_p A \Delta\varphi y_0^2 (3h_2 - y_0) - \frac{1}{6} B_p A' \Delta\varphi (h_2 - y_0)^3 +$$
$$\frac{1}{12} B_p m \Delta\varphi h_2^3 (2y_0 - h_2) \quad \cdots\cdots\cdots\cdots\cdots\cdots\cdots (\text{E}.33)$$

当 $A = A'$ 时，y_0、$\Delta\varphi$ 可按式(E.34)、式(E.35)计算：

$$y_0 = \frac{h_2 [2A(3M_0 + 2Q_0 h_2) + m h_2 (4M_0 + 3Q_0 h_2)]}{2[3A(2M_0 + Q_0 h_2) + m h_2 (3M_0 + 2Q_2 h_2)]} \quad \cdots\cdots (\text{E}.34)$$

$$\Delta\varphi = \frac{12[3A(2M_0 + Q_0 h_2) + m h_2 (3M_0 + 2Q_0 h_2)]}{B_p h_2^3 [6A(A + m h_2) + m^2 h_2^2]} \quad \cdots\cdots (\text{E}.35)$$

E.3.2 当刚性桩桩身埋置于土层或软岩，底部埋入完整、坚硬岩层的表面，可视桩底支承条件为铰支。桩身锚固段任一截面 y 处的水平位移 x、弯矩 M、剪力 Q 及桩周岩土侧向应力 σ_y 按式(E.24)～式(E.27)计算。此时 $y_0 = h_2$，$\Delta\varphi$ 和桩底铰支点地基反力根据静力平衡条件计算。

附 录 F
（资料性附录）
锚拉桩计算方法

采用结构力学法计算锚拉桩的简图见图F.1，设第i根锚索作用点距滑面距离为L_i，锚索拉力T_{A_i}在水平方向上的分力为P_{x_i}，锚索的弹性刚度为k_i，抗滑桩的抗弯刚度为EI，桩在滑面以上的长度为h_i，下滑力合力作用点到滑面距离为h_e，滑面以下嵌固段长度为h_2。

F.1 单根锚索作用时的锚拉桩计算

设锚索作用点距滑面距离为L_1，锚索拉力T_{A_1}在水平方向上的分力为P_{x_1}，锚索的弹性刚度为k，抗滑桩的抗弯刚度为EI，桩在滑面以上的长度为L_1。

取上部桩的基本结构见图F.2，根据结构力学中的力法，得到以下力法方程：

$$A_{11}P_{x_1} + A_{1P} = 0 \quad \cdots\cdots\cdots\cdots\cdots\cdots\cdots (F.1)$$

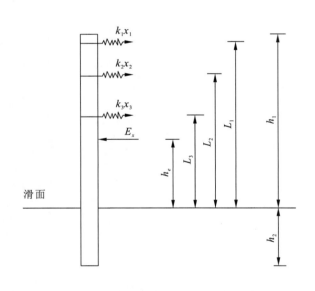
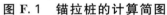

图F.1 锚拉桩的计算简图

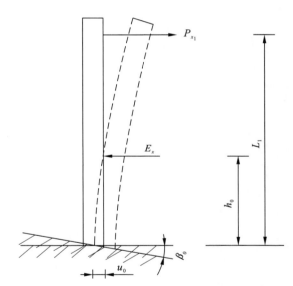

图F.2 单锚作用下的上部桩计算简图

其中，系数A_{11}和A_{1P}分别由式(F.2)和式(F.3)计算：

$$A_{11} = \delta_{11} + L_1^2 \bar{\beta}_1 + \bar{u}_1 + \frac{1}{k} \quad \cdots\cdots\cdots\cdots\cdots (F.2)$$

$$A_{1P} = \Delta_{1P} + L_1 M_P^0 \bar{\beta}_1 + Q_P^0 \bar{u}_1 \quad \cdots\cdots\cdots\cdots\cdots (F.3)$$

式中：

M_P^0——滑坡剩余下滑力在嵌固段桩顶产生的力矩，单位为千牛·米(kN·m)；

Q_P^0——滑坡剩余下滑力在嵌固段桩顶产生的剪力，单位为千牛(kN)；

$\bar{\beta}_1$——嵌固段桩顶作用单位力矩$M_0=1$时引起该段桩顶的角变位；

$\bar{u}_1$——嵌固段桩顶作用单位力$Q_0=1$时引起该段桩顶的水平位移，单位为米(m)。

其中,$\bar{\beta}_1$ 和 $\bar{u}_1$ 可根据地层情况,选用 K 法或 m 法求得。

锚索的弹性系数 k 可由式(F.4)求出:

$$k = \frac{E_s A_s}{L_s} \quad\cdots\cdots\cdots\cdots\cdots\cdots\cdots\cdots\cdots\cdots\cdots (F.4)$$

式中:
E_s——锚索的弹性模量,单位为千帕(kPa);
A_s——锚索的截面面积,单位为平方米(m^2);
L_s——锚索自由段的长度,单位为米(m)。

单位变位 δ_{11} 和载变位 Δ_{1P} 可由下列公式求得:

$$\delta_{11} = \int \frac{\overline{M}_1^2}{EI} ds = \frac{L_1^3}{3EI} \quad\cdots\cdots\cdots\cdots\cdots\cdots\cdots\cdots (F.5)$$

$$\Delta_{1P} = \int \frac{\overline{M}_1 M_P}{EI} ds = -\frac{E_s h_e^2}{6EI}(3L_1 - h_e) \quad\cdots\cdots\cdots\cdots (F.6)$$

解方程(F.1)得到:

$$P_{x_1} = -\frac{A_{1P}}{A_{11}} \quad\cdots\cdots\cdots\cdots\cdots\cdots\cdots\cdots\cdots\cdots (F.7)$$

抗滑桩在滑面处的弯矩 M_0 和 Q_0 可由叠加法得到:

$$M_0 = P_{x_1} L_1 + M_P^0 \quad\cdots\cdots\cdots\cdots\cdots\cdots\cdots\cdots (F.8)$$

$$Q_0 = P_{x_1} + Q_P^0 \quad\cdots\cdots\cdots\cdots\cdots\cdots\cdots\cdots\cdots (F.9)$$

桩在滑面处的位移 u_0 和转角 β_0 据变形协调条件,由嵌固段的桩顶变位得到:

$$u_0 = y_0; \beta_0 = \theta_0 \quad\cdots\cdots\cdots\cdots\cdots\cdots\cdots\cdots (F.10)$$

y_0、θ_0 可根据其桩底的边界条件由悬臂抗滑桩计算公式求得。

当求出未知力 P_{x_1} 后,对滑面上下的桩体分别计算变位及内力,据其内力值就可以进行桩的设计。

锚索的拉力 T_{A_1} 由下式求解:

$$T_{A_1} = \frac{P_{x_1}}{\cos \alpha_1} \quad\cdots\cdots\cdots\cdots\cdots\cdots\cdots\cdots (F.11)$$

式中:
α_1——锚索与水平面之间的夹角。

据式(F.11),就可以进行锚索的设计,并采用与悬臂抗滑桩相同的方法进行桩体设计。

F.2 多根锚索作用时的锚拉桩计算

以三根锚索为例,滑面以上及嵌固段桩的计算简图分别见图 F.3 和图 F.4,据此可建立起三根锚索作用时的力法方程:

$$\left.\begin{array}{l} A_{11}P_{x_1} + A_{12}P_{x_2} + A_{13}P_{x_3} + A_{1P} = 0 \\ A_{21}P_{x_1} + A_{22}P_{x_2} + A_{23}P_{x_3} + A_{2P} = 0 \\ A_{31}P_{x_1} + A_{32}P_{x_2} + A_{33}P_{x_3} + A_{3P} = 0 \end{array}\right\} \quad\cdots\cdots\cdots\cdots (F.12)$$

其中,各系数分别由式(F.13)计算:

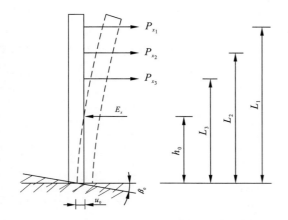

图 F.3 滑面上部桩的计算简图

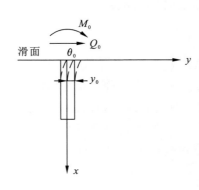

图 F.4 嵌固段桩计算简图

$$\left.\begin{aligned}
A_{11} &= \delta_{11} + L_1^2 \bar{\beta}_1 + \bar{u}_1 + k_1 \\
A_{12} &= A_{21} = \delta_{12} + L_1 L_2 \bar{\beta}_1 + \bar{u}_1 \\
A_{13} &= A_{31} = \delta_{13} + L_1 L_3 \bar{\beta}_1 + \bar{u}_1 \\
A_{22} &= \delta_{22} + L_2^2 \bar{\beta}_1 + \bar{u}_1 + k_2 \\
A_{23} &= A_{32} = \delta_{13} + L_2 L_3 \bar{\beta}_1 + \bar{u}_1 \\
A_{33} &= \delta_{33} + L_3^2 \bar{\beta}_1 + \bar{u}_1 + k_3 \\
A_{1P} &= \Delta_{1P} + L_1 M_P^0 \bar{\beta}_1 + Q_P^0 \bar{u}_1 \\
A_{2P} &= \Delta_{2P} + L_2 M_P^0 \bar{\beta}_1 + Q_P^0 \bar{u}_1 \\
A_{3P} &= \Delta_{3P} + L_3 M_P^0 \bar{\beta}_1 + Q_P^0 \bar{u}_1
\end{aligned}\right\} \quad \cdots\cdots (F.13)$$

单位变位 δ_{ij} 和载变位 Δ_{iP} 由式(F.14)计算：

$$\delta_{ij} = \frac{L_j^2}{6EI}(3L_i - L_j)$$

$$\Delta_{iP} = -\frac{E_x h_e^2}{6EI}(3L_i - h_e) \quad (i=1,2,3; j=1,2,3) \quad \cdots\cdots (F.14)$$

各根锚索的弹性系数 k_i 可由下式求出：

$$k_i = \frac{E_s A_{si}}{L_{si}} \quad \cdots\cdots (F.15)$$

式中：

E_s——锚索的弹性模量，单位为千帕(kPa)；

A_{si}——第 i 根锚索的截面面积，单位为平方米(m^2)；

L_{si}——第 i 根锚索自由段的长度，单位为米(m)。

解式(F.12)方程组，即可得到未知力 P_{x_1}、P_{x_2}、P_{x_3}。嵌固段顶面(滑面)的桩体弯矩和剪力可由叠加法得到：

$$M_0 = P_{x_1} L_1 + P_{x_2} L_2 + P_{x_3} L_3 + M_P^0 \quad \cdots\cdots (F.16)$$

$$Q_0 = P_{x_1} + P_{x_2} + P_{x_3} + Q_P^0 \quad \cdots\cdots (F.17)$$

其他两个初参数据滑面处的变形协调条件得到：

$$u_0 = y_0; \beta_0 = \theta_0 \quad \cdots\cdots (F.18)$$

以上计算公式可以推广到多根锚索的计算中,将其写成矩阵形式即为:

$$\{A_{ij}\}[P_{x_i}] + \{\Delta_{iP}\} = 0 \quad (i=1,2,\cdots,n; j=1,2,\cdots,n) \quad \cdots\cdots\cdots (\text{F}.19)$$

式中:

$$\left. \begin{array}{l} A_{ii} = \delta_{ii} + L_i^2 \bar{\beta}_1 + \bar{u}_1 + \dfrac{1}{k_i} \\ A_{ij} = \delta_{ij} + L_i L_j \bar{\beta}_1 + \bar{u}_1 \quad (i \neq j) \\ A_{1P} = \Delta_{1P} + L_1 M_P^0 \bar{\beta}_1 + Q_P^0 \bar{u}_1 \end{array} \right\} \quad \cdots\cdots\cdots\cdots\cdots (\text{F}.20)$$

而 y_0、θ_0 与单桩时的计算相同,可据其桩底的边界条件求得。当求出未知力 P_{x_i} 后,对于滑面上下的桩体分别计算变位及内力,据其内力值进行桩的设计。锚索的拉力 T_{A_i} 可以由下式求得:

$$T_{A_i} = \dfrac{P_{x_i}}{\cos \alpha_i} \quad \cdots\cdots\cdots\cdots\cdots\cdots\cdots (\text{F}.21)$$

式中:

α_i ——第 i 根锚索与水平面之间的夹角,单位为度(°)。

据式(F.21),就可以进行各根锚索的设计。抗滑桩的设计与悬臂抗滑桩相同。

附 录 G
（资料性附录）
护壁内力计算方法

G.1 护壁侧压力计算

根据上述土拱效应，护壁岩土侧压力计算公式可采用库伦主动土压力公式计算，其护壁承受的岩土侧压力沿深度呈梯形分布，距地面一定临界深度范围内按三角形分布，临界深度以下视为常数（图 G.1）。

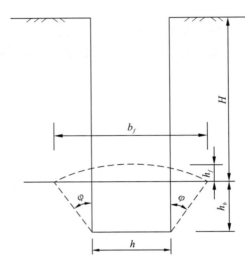

图 G.1 护壁开挖形成土拱示意图

当 $H < 2h_f$ 时，此时没有形成土拱，护壁侧压力 E_a 表述为：

$$E_a = \gamma(H + h_b)\tan^2\left(45° - \frac{\varphi}{2}\right) - 2c \cdot \tan\left(45° - \frac{\varphi}{2}\right) \quad \cdots\cdots (G.1)$$

当 $H \geqslant 2h_f$ 时，此时已形成土拱，护壁侧压力 E_a 表述为：

$$E_a = \gamma(h_b + h_f)\tan^2\left(45° - \frac{\varphi}{2}\right) - 2c \cdot \tan\left(45° - \frac{\varphi}{2}\right) \quad \cdots\cdots (G.2)$$

式中：
h_f——$h_f = b_f / 2f_k$；
H——桩截面长边长度；
b_f——土拱长边长度，$b_f = h + 2h_0 \times \tan^2(45° - \varphi/2)$；
h_b——每节护壁的高度；
f_k——土层或岩层的坚固系数，一般土层取 $f_k \approx \tan\varphi$，岩层取 $f_k = R_c/100$；
R_c——岩石的单轴抗压强度；
φ——开挖土层的内摩擦角。

G.2 护壁结构内力计算

由于护壁在施工过程中分节开挖,故按照板结构来进行护壁结构内力计算。

矩形护壁结构受侧向压力(俯视图)见图 G.2。

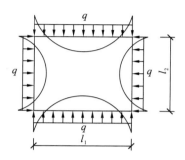

图 G.2 护壁结构内力及荷载分布

从受力均匀和合理利用材料的角度考虑,宜将护壁结构设计成节点嵌固的水平框架,由力学知识可知节点的弯矩为:

$$M_b = \frac{1}{12} \times q \times \frac{i_1 \times l_1^2 + i_2 \times l_2^2}{i_1 + i_2} \quad \cdots\cdots\cdots\cdots\cdots\cdots (G.3)$$

式中:

i_1、i_2——长短边两个方向的线刚度。

考虑节点施工时的不利因素,在计算板跨中弯矩时,宜将节点弯矩乘以折减系数 0.8,即:

$$(长边跨中弯矩) M_{k_1} = 0.125 \times q l_1^2 - 0.8 M_b \quad \cdots\cdots\cdots\cdots (G.4)$$

$$(短边跨中弯矩) M_{k_2} = 0.125 \times q l_2^2 - 0.8 M_b \quad \cdots\cdots\cdots\cdots (G.5)$$

附 录 H
(资料性附录)
微型桩单桩计算公式

a) 计算简图(图 H.1)

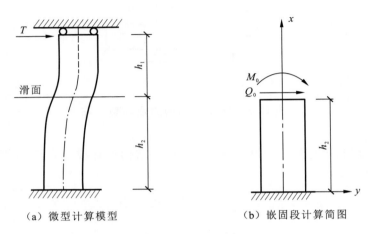

(a) 微型计算模型　　(b) 嵌固段计算简图

图 H.1　计算简图

图中的 M_0 和 Q_0 分别为微型桩在滑面处的弯矩和剪力。

b) 变形及内力计算公式应根据式(H.1)～式(H.4)确定

　　1) 位移计算公式

$$y = -\overline{m}_0 \frac{2\alpha^2}{K}\varphi_3 - \overline{q}_0 \frac{\alpha}{K}\varphi_4 \quad\cdots\cdots (H.1)$$

　　2) 转角计算公式

$$\theta = -\overline{m}_0 \frac{2\alpha^3}{K}\varphi_2 - \overline{q}_0 \frac{2\alpha^2}{K}\varphi_3 \quad\cdots\cdots (H.2)$$

　　3) 弯矩计算公式

$$M = \overline{m}_0 \varphi_1 + \overline{q}_0 \frac{1}{2\alpha}\varphi_2 \quad\cdots\cdots (H.3)$$

　　4) 剪力计算公式

$$Q = -\overline{m}_0 \alpha \varphi_4 + \overline{q}_0 \varphi_1 \quad\cdots\cdots (H.4)$$

其中:

$$\overline{m}_0 = \frac{M_0 \varphi_{1(\alpha h_2)} - Q_0 \frac{1}{2\alpha}\varphi_{2(\alpha h_2)}}{\varphi_{1(\alpha h_2)}^2 + \frac{1}{2}\varphi_{2(\alpha h_2)}\varphi_{4(\alpha h_2)}}$$

$$\overline{q}_0 = \frac{M_0 \alpha \varphi_{4(\alpha h_2)} + Q_0 \varphi_{1(\alpha h_2)}}{\varphi_{1(\alpha h_2)}^2 + \frac{1}{2}\varphi_{2(\alpha h_2)}\varphi_{4(\alpha h_2)}}$$

式中：

α——微型桩的弹性标值，$\alpha = \sqrt[4]{\dfrac{K}{4EI}}$；

K——滑床的地基系数。

$$\begin{cases} \varphi_1 = \text{ch}(\alpha x)\cos(\alpha s) \\ \varphi_2 = \text{ch}(\alpha x)\sin(\alpha x) + \text{sh}(\alpha x)\cos(\alpha x) \\ \varphi_3 = \text{sh}(\alpha x)\sin(\alpha x) \\ \varphi_4 = \text{ch}(\alpha x)\sin(\alpha x) - \text{sh}(\alpha x)\cos(\alpha x) \end{cases}$$

$\varphi_1 \sim \varphi_4$ 为双曲线三角函数，可以从相关的设计手册中查到。

根据试验结果及理论分析，h_1、h_2 的取值只影响到弯矩值的大小，对剪力无影响。为简化计算，建议在黄土滑坡中，取 $h_1 = h_2 = 3d \sim 5d$（d 为桩径），其计算结果是可以满足设计要求的。

附 录 I
（规范性附录）
设计书主要章节

a) 工程概况；
b) 工程地质及水文地质条件简述；
c) 稳定性验算结论；
d) 设计原则及依据；
e) 设计措施说明：按单位工程→分部工程→分项工程分类叙述；
f) 施工技术要求：按分项工程分类叙述；
g) 监测工程：重要工程需做专项设计；
h) 图件：平面布置图、立面图、剖面图、结构详图、监测工程设计图等。

附 录 J
（规范性附录）
设计计算书主要格式

a) 滑坡推力计算

格式依据附录 D:滑坡稳定性评价和推力计算公式。

b) 单桩内力及位移计算

格式依据附录 E:K 法计算单桩内力及位移,m 法计算单桩内力及位移,刚性桩锚固段内力及位移计算。

c) 单桩及锚索(杆)承载力验算

附 录 K
（资料性附录）
砂浆与岩土体黏结强度表

表 K.1 岩石与锚固体黏结强度特征值

岩石类别	E_{rb}值/kPa	岩石类别	E_{rb}值/kPa
极软岩	135～180	较硬岩	550～900
软岩	180～380	坚硬岩	900～1 300
较软岩	380～550		

注1：表K.1中数据适用于注浆强度等级为M30。
注2：表K.1中数据仅适用于初步设计，施工时应通过试验检验。
注3：岩体结构面发育时，取表中下限值。
注4：表K.1中岩石类别根据天然单轴抗压强度 E_r 划分：$E_r<5$ MPa 为极软岩；5 MPa$\leqslant E_r<15$ MPa 为软岩；15 MPa$\leqslant E_r<30$ MPa 为较软岩；30 MPa$\leqslant E_r<60$ MPa 为较硬岩；$E_r\geqslant 60$ MPa 为坚硬岩。

表 K.2 土体与锚固体黏结强度特征值

土层种类	土的状态	E_{rb}值/kPa
黏性土	坚硬	32～40
	硬塑	25～32
	可塑	20～25
	软塑	15～20
砂土	松散	30～50
	稍密	50～70
	中密	70～105
	密实	105～140
碎石	稍密	60～80
	中密	80～110
	密实	110～150

注1：表K.2中数据适用于注浆强度等级为M30。
注2：表K.2中数据仅适用于初步设计，施工时应通过试验检验。

中国地质灾害防治工程行业协会团体标准

抗滑桩治理工程设计规范(试行)

T/CAGHP 003—2018

条 文 说 明

目　次

前言 ··· 53
1　范围 ·· 55
2　规范性引用文件 ··· 55
4　基本规定 ··· 55
　4.1　抗滑桩治理工程设计阶段 ·· 55
　4.2　地质灾害防治工程分级 ··· 55
　4.4　地质灾害防治工程计算工况与安全系数 ·· 55
　4.5　抗滑桩类型及适用范围 ··· 56
　4.6　勘查要求 ·· 56
　4.7　稳定性评价方法 ·· 56
　4.8　岩土体参数取值方法 ·· 57
　4.9　抗滑桩桩位和桩参数 ·· 58
5　抗滑桩设计推力确定方法 ·· 58
6　抗滑桩结构内力计算方法与要求 ·· 59
　6.2　悬臂桩结构内力计算方法与要求 ··· 59
　6.3　锚拉桩结构内力计算方法与要求 ··· 60
　6.4　抗滑桩护壁荷载及内力计算 ··· 61
　6.6　微型组合抗滑桩群设计要求 ··· 62
7　抗滑桩结构设计 ··· 63
　7.1　抗滑桩结构构造要求 ·· 63
　7.2　抗滑桩承载力计算 ··· 63
　7.3　锚索结构设计验算 ··· 64
8　抗滑桩施工、检测与监测要求 ·· 64
　8.1　抗滑桩施工要求 ·· 64
　8.2　抗滑桩检测 ··· 64
　8.3　抗滑桩监测 ··· 65
附录 H（资料性附录）　微型桩单桩计算公式 ··· 66

T/CAGHP 003—2018

前　　言

本标准按照 GB/T 1.1—2009《标准化工作导则　第 1 部分：标准的结构和编写》给出的规则起草。

（1）本标准由正文、附录、条文说明三部分组成。

（2）坚持科学性、先进性和实用性原则。在本标准中，既有原则性规定，又体现一定的灵活性；结合我国实际和地质灾害治理工程设计需要，既反映我国近年来成熟的研究成果和经验，又借鉴并吸取国外的先进经验和新理论、新技术。

（3）对于地质灾害抗滑桩治理工程设计，国际上尚无明确的通用标准。编写组调研了美国、加拿大、英国、意大利等国家的相关案例和资料，并与国内案例及资料进行对比，结合国内最新科研成果和专利技术，编写了本标准。

（4）本标准编写过程中参考了《建筑边坡工程技术规范》（GB 50330—2013）、《滑坡防治工程设计与施工技术规范》（DZ/T 0219—2006）、《混凝土结构设计规范》（GB 50010—2010）（2015 年版）、《铁路路基支挡结构设计规范（2009 年局部修订）》（TB 10025—2006）等规范，对各规范间有冲突和不适用现状的条文在本标准中进行了局部完善和修编。

中国地质灾害防治工程协会为本标准提出和归口单位。

本标准起草单位：中国地质大学（武汉）、中国地质科学院探矿工艺研究所、湖北省地质环境总站、中煤科工集团西安研究院有限公司、山东大学、武汉地质工程勘察院、三峡大学。

本标准主要起草人：唐辉明、胡新丽、邹安权、石胜伟、王志俭、彭进生、王全成、李长冬、杨栋、韩琨、方山耀、宁国民、王亮清、苏爱军、李术才、张乾青、傅静安。

本标准由中国地质大学（武汉）负责具体技术内容的解释。

1 范围

本标准适用于斜坡地质灾害抗滑桩工程设计,也适用于水利水电、铁道、交通、城建、矿山等行业的斜坡地质灾害抗滑桩工程设计。

本标准包括抗滑桩设计基本规定、地质灾害防治工程分级与设计安全系数、悬臂抗滑桩、预应力锚拉桩设计等内容。

2 规范性引用文件

各专业已有规范规定的内容,除必要的重申外,本标准不再重复,因此设计时除执行本标准外,尚应符合国家现行的有关强制性标准的规定,主要有:

GB 50007—2011　建筑地基基础设计规范
GB 50010—2010(2015年版)　混凝土结构设计规范
GB 50011—2010　建筑抗震设计规范
GB 50021—2001(2009年版)　岩土工程勘察规范
GB 50330—2013　建筑边坡工程技术规范
GB/T 14370—2007　预应力筋用锚具、夹具和连接器
GB/T 32864—2016　滑坡防治工程勘查规范
DZ/T 0219—2006　滑坡防治工程设计与施工技术规范
TB 10025—2006　铁路路基支挡结构设计规范(2009年局部修订)
CECS 22:2005　岩土锚杆(索)技术规程
DL/T 5176—2003　水电工程预应力锚固设计规范
JTG D30—2004　公路路基设计规范
JGJ 94—2008　建筑桩基技术规范

4 基本规定

4.1 抗滑桩治理工程设计阶段

4.1.1 论证设计为抗滑桩治理工程与其他治理工程进行技术和经济合理性比较的设计阶段。后者为治理工程确定采用抗滑桩形式,为保证工程施工顺利进行的设计工作阶段。两者无本质区别,均须符合本标准的要求,仅后者需完善施工所需细节设计。

4.1.2 勘查的阶段划分依据有关规范,但必须满足抗滑桩治理工程设计不同阶段的要求。

4.2 地质灾害防治工程分级

根据国土资源部颁布的《中华人民共和国地质矿产行业标准》(DZ/T 0219—2006)中的地质灾害防治工程分级的规定。

4.4 地质灾害防治工程计算工况与安全系数

抗滑桩工程设计是按照地质灾害防治工程计算所涉及到的六种计算荷载和通常的工况的几种组合作为设计时的计算工况,一般考虑:

(1)自重；
(2)自重＋地下水；
(3)自重＋暴雨＋地下水；
(4)自重＋地震＋地下水。
(1)、(2)为设计工况，(3)、(4)为校核工况。

对于受地表水水位变动带影响的斜坡抗滑桩设计，应考虑校核工况：自重＋地震＋最高库水、自重＋地震＋库水位升降。总计有六种计算工况。校核工况安全系数取抗滑安全系数 $K_s=1.02\sim1.15$，抗剪断安全系数 $K_s=1.2\sim1.5$。

为了保障抗滑桩工程设计的安全性，考虑荷载、材料的力学性能、试验值和设计值与实际值的差别、计算模式和施工质量等各种不定性因素，根据抗滑桩的特性，拟定了抗滑安全系数和抗剪断安全系数，并结合防治工程级别和大量的地质灾害防治工程设计安全系数取值的经验值，推荐在不同的防治工程级别和工况条件下的安全系数类型。

这些工程计算工况与安全系数是长期实践的经验值。

4.5 抗滑桩类型及适用范围

4.5.2、4.5.3 抗滑桩按材质分类包括木桩、钢桩、钢筋混凝土桩和组合桩。现在应用于地质灾害治理的主要类型为钢筋混凝土桩和组合桩，其具有安全可靠、经济合理等优点。

抗滑桩按成桩方法分类，有打入桩、静压桩、就地灌注桩。就地灌柱桩又分为沉管灌注桩、钻孔灌注桩两大类。在常用的钻孔灌注桩中，又分机械钻孔桩和人工挖孔桩。目前运用较多的是人工挖孔桩，在特殊条件下采用钻孔灌注桩。

抗滑桩按结构型式分类，有单桩、排桩、群桩和有锚桩。排桩型式常见的有椅式桩墙、门式刚架桩墙、排架抗滑桩墙。有锚桩常见的有锚杆和锚索，锚杆有单锚和多锚，锚拉桩多用单锚。

抗滑桩按桩身断面形式分类，有圆形桩、矩形桩、"工"字形桩、微型桩等。常用的为圆形桩、矩形桩、微型桩。

按受力方式可分为悬臂桩和预应力锚拉桩。

抗滑桩具有抗滑能力强、桩位灵活、施工方便、设备简单、间隔开挖桩孔、不易恶化滑坡状态等优点，目前广泛应用于滑坡治理工程中。

在设计时，不仅需要考虑设计的安全可靠，还要考虑其经济合理和场地条件限制的便于操作性。在此基础上再来考虑不同类型抗滑桩的适用范围。采用抗滑桩阻滑时，应对其可行性进行充分论证。

4.5.5 抗滑桩是滑坡、泥石流等地质灾害防治工程中较常采用的一种措施。采用抗滑桩对滑坡进行分段阻滑设计时，每段宜以单排布置为主。若抗滑桩承受弯矩过大，应设计采用预应力锚拉桩。

4.6 勘查要求

抗滑桩防治工程勘查的要求，以必须满足抗滑桩设计要求为原则。本标准仅提出原则性要求，为达到此要求的具体操作应根据有关规范执行。

4.6.1 勘探线应包括钻探、探井（槽）、物探等技术手段的成果。

4.6.3 岩土体的物理力学性质参数应符合有关规范的数理统计要求，可通过收集、现场（室内）试验等手段获得并满足综合取值要求。

4.7 稳定性评价方法

4.7.2 滑（斜）坡稳定性计算方法宜根据岩土类型、滑坡形态和可能的破坏形式，推荐如下：

a) 土质和碎裂结构岩质滑(斜)坡宜采用圆弧滑动法计算；
b) 对可能产生平面滑动的滑(斜)坡宜采用平面法计算；
c) 对可能产生折线滑动的滑(斜)坡宜采用折线滑动法计算；
d) 对结构复杂的岩质滑(斜)坡,可配合采用赤平极射投影法和实体比例投影法分析。

4.7.3 数值模拟计算已愈来愈多地应用于滑坡稳定性评价计算中,故制定本条。基本地质模型就是依据滑坡性状,将工程地质条件中主要的特征地质内容(或称要素)和变形破坏状况,经过综合分析,进行抽象和概化以一种简洁的模式表示。地质模型表征了变形破坏的基本规律和主控因素,深化了工程地质条件,为力学-数学模型、监测模型建立及稳定性评价与预测奠定了基础。

4.8 岩土体参数取值方法

4.8.2 滑带土的剪切参数反演可采用式(1)和式(2)。

$$c = \frac{K_f \sum W_i \sin\alpha_i - \tan\varphi \sum W_i \cos\alpha_i}{L} \quad \cdots\cdots\cdots\cdots\cdots (1)$$

$$\varphi = \arctan\left(\frac{K_f \sum W_i \sin\alpha_i - cL}{\sum W_i \cos\alpha_i}\right) \quad \cdots\cdots\cdots\cdots\cdots (2)$$

式中：

K_f——斜坡稳定性系数；

W_i——第 i 条块的重量,单位为千牛每米(kN/m)；

c——黏聚力,单位为千帕(kPa)；

φ——内摩擦角,单位为度(°)；

L——滑面长度,单位为米(m)；

α_i——第 i 条块滑面倾角,单位为度(°)；

一般条件下,稳定系数 K_f 可根据下列情况确定：

滑(边)坡处于暂时稳定—变形状态：$K_f = 1.00 \sim 1.05$；

滑(边)坡处于变形—滑动状态：$K_f = 0.95 \sim 1.00$。

4.8.3 无条件进行试验时,可根据表1和表2中给出的经验值、反算分析等方法综合确定。

表 1 结构面抗剪强度指标经验值

结构面类型		结构面结合程度	内摩擦角 $\varphi/(°)$	黏聚力 c/MPa
硬性结构面	1	结合好	>35	>0.13
	2	结合一般	35～27	0.13～0.09
	3	结合差	27～18	0.09～0.05
软弱结构面	4	结合很差	18～12	0.05～0.02
	5	结合极差(泥化层)	根据地区经验确定	

注1：无经验时取表中的低值。
注2：极软岩、软岩取表中较低值。
注3：岩体结构面连通性差取表中的高值。
注4：岩体结构面浸水时取表中较低值。
注5：表中数值已考虑结构面的时间效应。

表 2 结构面的结合程度

结合程度	结构面特征
结合好	张开度＜1 mm，胶合良好，无充填； 张开度 1 mm～3 mm，硅质或铁质胶结
结合一般	张开度 1 mm～3 mm，钙质胶结； 张开度＞3 mm，表面粗糙，钙质胶结
结合差	张开度 1 mm～3mm，表面平直，无胶结； 张开度＞3 mm，岩屑充填或岩屑夹泥质充填
结合很差、 结合极差（泥化层）	表面平直光滑，无胶结； 泥质充填或泥夹岩屑充填，充填厚度大于起伏差； 分布连续的泥化夹层； 未胶结的或强风化的小型断层破碎带

注：依据 GB 50330—2002 条款 4.5.1 的内容，供参考使用，应用时注意其适用条件。

4.9 抗滑桩桩位和桩参数

4.9.2 桩位的确定除按相关条款进行外，还要结合具体工程的特殊需求进行相应的确定。通过计算可以确定滑（边）坡体的阻滑段，其一般位于滑（边）坡中前缘。同时应综合考虑重要保护对象和施工条件确定抗滑桩桩位，桩位既能够起到保护对象的作用，还要兼顾便于施工。

4.9.3 抗滑桩布置方向应与滑动方向垂直或接近垂直。当滑坡下滑力特别大时，宜结合滑坡特征和施工条件，抗滑桩宜布置成"品"字形或梅花形。

4.9.4 桩间距可根据抗滑桩与滑坡体之间的土拱效应综合确定，桩间距宜为 3 m～8 m。一般情况下，当滑体完整、密实或滑坡推力较小时，抗滑桩间距可取大值；反之，可取小值。滑坡主轴附近抗滑桩间距可取小值，两侧桩间距可取大值。

4.9.5 若滑带临空，则按临空面底部以下岩土体侧向压应力不得大于该岩土体的容许侧向抗压强度进行验算。

5 抗滑桩设计推力确定方法

5.2 滑坡稳定性评价计算方法很多。我国的滑坡防治工程实际上大多数是对滑动后形成的滑坡堆积体进行治理，因此，主要采用了传递系数法进行评价。这种方法优点在于将滑坡分成若干条块，自上而下较为准确地确定滑坡推力，然后，根据滑坡推力和抗力准确地进行抗滑桩设桩处的弯矩、剪力等计算。

传递系数法可分为隐式和显式两种算法，隐式计算法相对安全。由于我国很多滑坡都采用传递系数法（附录 D）进行稳定性评价和推力计算，因此，本标准仍沿用这一算法。简布法（Janbu）等方法，在折线形滑坡的稳定性分析中，与传递系数法较为吻合，可以进行对比校核。

理论上，当条分块段足够多时，圆弧形滑坡也视为折线形滑坡进行分析。一般来说，对滑动面为单一平面或者圆弧形的滑坡，本标准推荐了瑞典条分法和毕肖普方法进行分析。滑坡稳定性分析方法很多，但是这些方法往往在推力计算上非常烦琐，因此，本标准主要推荐了上述四种方法。

岩质滑坡的分析较为简单，可按照 Hoek 推荐的 2D 平面极限平衡法进行稳定性评价和推力分析。当岩质滑坡侧向阻力不可忽视时，应采用 3D 楔形体极限平衡法进行稳定性评价和推力分析。

有限元、有限差等数值模拟方法在滑坡稳定性分析中具有较高的精度,其强度折减法计算的滑坡稳定系数与上述基于极限平衡理论的稳定性计算方法基本相同,特别是在对抗滑桩、锚杆等与滑坡体相互作用的分析方面更具优势。当滑坡体厚度与长度比较小而易于从中间部位剪出时,或者滑面总体倾角较陡时,基于刚体的传递系数法计算结果往往偏差很大,与实际情况不符,因此,应采用数值模拟方法进行分析。但是,数值模拟分析方法在搜索出的滑带误差较大,很难直接用于抗滑桩、锚索等的布设。在滑坡稳定性评价和推力计算公式中涉及地震水平加速度,按 50 a 设计基准期超越概率10%的地震加速度设计取值,其中取值 7 度 0.10 g、8 度 0.20 g、9 度 0.40 g。

5.3 当滑体是一种黏聚力较大的地层(如岩石、土夹石、黏土等)时,其推力分布图式可近似按矩形考虑;如果滑体是一种以内摩擦角为主要抗剪特性的堆积体(如砂土),其推力分布图式可近似按三角形考虑;介于二者之间的,可按梯形分布。

6 抗滑桩结构内力计算方法与要求

6.2 悬臂桩结构内力计算方法与要求

6.2.1 对于强风化的较完整、坚硬岩层,应视为软弱岩层。

6.2.2 悬臂桩法将滑动面以上桩段(挡土段)视为悬臂结构,该方法对桩的实际受力状况作了偏于安全的简化。当桩前无岩土体或虽有土体但当桩受力变形时,不能给桩提供反向支承力,或桩前岩土体不能保持自身稳定时,可作为悬臂桩计算。当考虑桩前土体抗力时,抗力的分布图形,设计时可根据实际情况,采用与滑坡推力相同的分布或抛物线分布图形,抗力不应大于桩前岩土的剩余抗滑力或被动土压力。

6.2.3、6.2.4 根据 Winkler 地基模型,桩周岩土作用在桩上的侧向应力与桩的侧向位移成正比,比例系数即岩土地基的水平弹性系数,也称水平地基系数。

关于水平地基系数的分布一般有四种假定:
1) 水平地基系数不随深度变化,即 $c_x=K$,适用于比较完整的岩层和硬黏土;
2) 水平地基系数与深度成正比,即 $c_x=my$,适用于硬塑—半干硬的砂黏土及碎石类土、风化破碎的岩块,以及密度随深度增加而增大的地层;
3) 水平地基系数与深度成正比增加,且起始的水平地基系数不为零,即 $c_x=A+my$,适用于承受地应力尚未释放完全,且密度随深度增加而增大的地层,如超压密黏土层,桩前滑动面以上有滑体和超载的硬塑—半干硬的砂黏土及碎石类土、风化破碎的岩块以及某些软质岩层;
4) 其他不符合上述假定的各种情况。

桩底支承一般采用自由端或铰支端,如:
1) 根据抗滑桩破坏试验和室内模型试验,当锚固段为松散介质或较完整的基岩时,地层抗力均成两个对顶的三角形,桩底弯矩为零,桩底支承条件符合自由端。通过进一步的试算表明,在成昆线狮子山 2 号试桩锚固段地基系数取 0.3×10^6 kPa/m,在大海啸试桩锚固段地基系数取 0.2×10^6 kPa,桩底支承条件按自由端考虑时,桩身变位和弯矩的计算值与实测值基本吻合。证明桩底支承条件按自由端考虑是符合实际的。
2) 当锚固段上部为土层,桩底嵌入一定深度的较完整基岩时,此情况与桩下部嵌入一定深度的完整基岩时相类似。但考虑到目前这种边界条件的实测资料较少和过去的计算习惯,保留了桩底为铰支端的支承条件,可按两种桩底支承条件中的任何一种情况计算。当采用自由端时,各层的地基系数必须根据具体情况选用;当采用铰支端计算时,应把计算"铰支点"选在嵌入段基岩的顶面,并根据嵌入段的地层反力计算嵌入段的深度。

3) 对嵌岩桩假定为平面应变进行桩土二维有限元分析,计算结果表明,桩底仅发生较小的位移和转角,嵌固段桩周围对桩端的约束可视为固定支承。这样计算更符合实际受力和变形。

4) 抗滑桩内力计算应考虑嵌固段岩体产状为顺向坡外时对抗滑桩内力的影响。

6.2.5 试验表明,当抗滑桩埋入滑动面以下的计算深度(滑动面以下桩段 h_2 与桩的变形系数 α 或 β 的乘积)大于临界值时,可视桩的刚度无限大,忽略桩的挠曲变形,其在水平荷载作用下的极限承载能力,只取决于地层的弹性抗力,而与桩的刚度无关,若对计算深度为临界值的桩,分别按弹性桩和刚性桩计算,二者的水平承载力及传递到地层的压力图形均比较接近。

6.2.6 在弹性限度内,桩周岩、土抗力与位移成正比,属弹性抗力。一般是从弹性理论出发,根据地基系数概念来计算桩周岩、土作用于桩身的岩土侧向应力及其分布。

6.3 锚拉桩结构内力计算方法与要求

6.3.1 一般规定

预应力锚拉桩相对于悬臂抗滑桩而言,借助于锚索所提供的锚固力和抗滑桩所提供的阻滑力并由二者组成的桩-锚支挡体系共同阻挡滑坡的下滑,极大地改善了悬臂抗滑桩的受力模式,其受力状态更为合理。在桩顶或桩顶下一定位置设置一排或多排预应力锚索后,桩身受力状况大大改善,其基本力学模式可以等价于简支梁或超静定梁结构。随着约束的增加,桩的位移控制相对容易许多,进而其桩身内力也在一定程度上大大降低。简言之,预应力锚拉桩变一般抗滑桩的被动抗滑结构为主动抗滑结构。

在滑坡推力很大时,如果采用单排锚拉桩支挡,桩的截面和锚索的受力将会很大,这时可采用多排锚拉桩进行分级支挡。多排锚拉桩设计的关键是如何确定各排锚拉桩的抗力分配,目前在这方面工作不多,没有成熟的计算方法,只能采用工程类比法或在数值模拟的基础上,结合经验,先确定每排锚拉桩所承受的滑坡推力,再按照本章的规定进行设计。

锚索在施工前必须进行拉拔力试验,试验方法与程序应遵守现行有关标准的规定。如果试验结果达不到设计采用的锚固力参数,就必须对设计方案进行及时调整。

6.3.3 设计计算

锚拉桩是一种组合支挡结构,它的设计计算包括了预应力锚索设计计算的所有步骤,也包括了普通抗滑桩的所有内容。对于锚拉桩的设计计算,最重要的是确定锚索拉力,锚索拉力确定后,就可以根据普通抗滑桩的计算步骤进行桩身内力的计算。

在锚拉桩计算理论中,有控制桩顶位移的计算法、地基系数法和结构力学法等。控制桩顶位移的计算法的原理与普通抗滑桩的相同,滑动面以下的抗滑桩的内力计算与普通抗滑桩的完全相同,滑动面以上不同的是须根据桩顶位移确定锚索拉力,在锚索拉力确定之后,把锚索拉力、滑坡推力、桩前剩余下滑力(或被动土压力)作为已知力,用静力学的方法求解桩身内力。这种方法的不足之处是没有考虑桩与锚索之间的变形协调条件,因而所得结果与实际受力有一定差别。地基系数法同样必须先求出桩顶的锚索拉力,拉力的求法可以根据悬臂桩中所提供的控制桩顶位移或经验法。若以经验法确定锚拉力,需先假定抗滑桩未受锚索作用,以地基系数法求出滑动面处的剪力,再求出锚索拉力。然后在桩顶施加拉力和弯矩,再次以地基系数法求解桩身内力值。计算过程稍显烦琐。结构力学法是将锚索拉力作为未知力,将抗滑桩作为弹性地基梁,考虑桩与锚索的变形协调条件,应用结构力学求解锚拉力和抗滑桩受力的一种计算方法,由于考虑了桩与锚索的变形协调条件,因而计算结果在理论上更接近实际情况。

简化计算时,可采用等值梁法。计算方法可参照有关规范。

6.3.4 锚索锚固力确定

预应力锚索设计时,应进行拉拔试验,校核内锚固段长度和握裹力设计数值。内锚固段宜根据经验类比法确定,并可采用理论计算和现场拉拔试验校核,长度不宜大于10 m。

6.3.6 桩锚结构变形(挠度)计算

按照桩顶位移的控制标准进行校核,当位移值不能满足要求时,调整锚索的预应力值和设计值重新计算直到满足要求为止。

6.4 抗滑桩护壁荷载及内力计算

6.4.1 一般工程地质条件下,护壁侧压力随着深度的增加而增加。当增加到一定临界深度后,由于护壁开挖会在垂直方向上形成土拱,因此护壁侧压力基本接近常数。从受力均匀、合理利用材料设计出发,宜将护壁结构设计成节点嵌固的水平框架,可根据结构力学求解每节护壁面板所承受的弯矩,进而根据弯矩进行板的配筋。

护壁岩土侧压力可采用库伦主动土压力公式计算。护壁承受的岩土侧压力沿深度呈梯形分布,距地面5 m范围内按三角形分布,5 m以下视为常数(图1)。

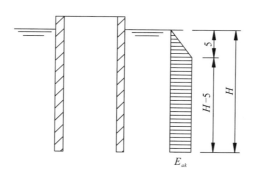

图1 护壁侧压力分布模式(单位:m)

其计算公式为:

$$E_{ak} = K_a(\xi q_k + \sum \gamma_i H_i) \quad \cdots\cdots (3)$$

其中:

$$K_a = \frac{\cos^2(\phi_k - \alpha)}{\cos^2\alpha \cdot \cos(\alpha+\delta)\left[1+\sqrt{\dfrac{\sin(\phi_k+\delta)\sin(\phi_k-\beta)}{\cos(\alpha+\delta)\cos(\alpha-\beta)}}\right]^2} \quad \cdots\cdots (4)$$

式中:

E_{ak}——计算点处的主动土压力强度标准值,单位为千帕(kPa);
K_a——计算土层土的主动土压力系数;
q_k——地面上的均布荷载标准值,单位为千牛每平方米(kN/m²);

ξ——系数,为 $\cos\alpha/\cos(\alpha-\beta)$;

γ_i——计算点以上各层土的重度,单位为千牛每立方米(kN/m³);

h_i——计算点以上各层土的厚度,单位为米(m);

α——护壁背与竖直方向的夹角,单位为度(°);

δ——计算土层土与护壁背间摩擦角,单位为度(°);

ϕ_k——计算土层土的内摩擦角标准值;

β——填土表面与水平面所夹的坡角,单位为度(°)。

6.6 微型组合抗滑桩群设计要求

6.6.1 微型桩是在20世纪50年代由意大利的Lizzi提出的,最初是用于历史性建筑和纪念碑的加固,后来逐步推广到整个欧洲和北美洲。微型桩的桩径一般小于300 mm,钻机成孔后采用压力注浆成桩,桩身可以采用钢筋混凝土结构,亦可采用钢管混凝土结构。微型桩的主要特点是:施工机具小,适用于狭窄的施工作业区;对土层适用性强;施工振动、噪声小;桩位布置灵活,可以布置成竖直桩,也可以布置成斜桩;与同体积灌注桩相比,承载能力高。近年来,一些设计和施工单位将其用于边坡和滑坡防治工程中,取得了显著成效,为滑坡防治提供了一种新的思路。由于微型桩细长比大,因此单根或单排微型桩的抗弯能力有限,只有把多排微型桩组合在一起,通过桩顶连系梁连接,组成一个微型组合桩群,形成空间受力体系,才能起到有效的抗滑作用。

6.6.5 由于微型桩在滑坡治理工程中的应用时间较短,与普通抗滑桩等支挡结构相比,设计经验积累不多,为了确保设计安全,本标准参考其他工程经验,适当提高了设计安全系数。

6.6.6 微型桩治理滑坡时的主要作用机理为抗剪、抗弯和其独特的抗拉拔性能,但因其单个桩的长细比大、截面抗弯刚度小、柔性大,故应设在滑体较薄、推力不至于过大、桩前不临空的地段。

6.6.8 由于微型桩的特殊构造,为保证钢材保护层厚度和工作性能,微型桩的桩径不宜过小。但微型桩桩径过大时,其工作性能接近于传统抗滑桩,加筋材料过多,经济上也不合理,施工不便捷。桩的间距也很重要,当微型桩的间距较大时(超过桩径的6倍),可以不考虑群桩效应。当间距较小(小于桩径的4倍)时,需要考虑群桩效应,设计时对单桩承载力折减,折减系数可取0.8~0.9。

6.6.9 微型桩的破坏位置基本位于滑面附近,在破坏区以外,微型桩桩身的内力衰减很快,因此,从微型桩的抗弯能力来看,当桩身达到一定长度后,再增加桩的长度对于抗滑作用的意义不大。

微型桩大型物理模型试验表明,微型桩单桩与群桩的弯矩分布范围不同,单桩受荷段弯矩集中分布于滑面以上10倍桩径的范围,群桩受荷段弯矩分布于整个受荷段,其中滑面以上15倍桩径范围内弯矩较大。群桩与单桩受荷段最大负弯矩均位于滑面以上7倍桩径处。微型桩嵌固段主要承受正弯矩(迎滑侧受拉),且分布于滑面以下10倍桩径的范围内,最大正弯矩位于滑面以下5倍桩径处。

群桩各排桩的剪力分布形式基本相同,位于滑面以下7倍桩径至滑面以上7倍桩径范围内的剪力方向与滑动方向相同,最大正剪力位于滑面处;滑面以上7~20倍桩径与滑面以下7~23倍桩径范围内剪力方向与滑坡滑动方向相反,受荷段最大负剪力约位于滑面以上13倍桩径处,嵌固段最大负剪力约位于滑面以下12倍桩径处。

综合以上试验结果,再考虑一定的安全系数后,提出以30 d 和1/3桩长作为嵌固段桩长的限制指标。

微型桩破坏后依然具有一定的抗滑能力,但破坏前后的抗滑机理不同。破坏前主要是微型桩的抗弯及抗剪能力起抗滑作用,破坏后主要是钢筋的抗拉能力起抗滑作用。因此又提出了应符合微型桩的抗拉拔强度要求,根据以上几方面因素,最终选取最大值作为设计的控制依据。

6.6.10 对于轴心受压的微型桩来说,采用桩心配筋和采用桩周钢筋笼配筋,在承载能力上不会产生明显的差异。但对于以抗弯和抗剪作用为主的微型桩来说,不同的配筋方式其作用差异很大。滑坡防治微型桩技术大型物理模型试验表明,若仅在桩心配置钢筋束,其抗弯能力很弱,在很小的滑坡变形作用下桩身混凝土就会出现弯折破坏,因此在工程中应避免采用桩心配筋的不正确配筋方法,而应采用在桩周配置钢筋笼的配筋方法,对于钻孔直径较小的微型桩,应采用工字钢、槽钢等型钢或钢管作为筋材。

7 抗滑桩结构设计

7.1 抗滑桩结构构造要求

7.1.4 抗滑桩为大截面地下钢筋混凝土构件,与一般钢筋混凝土构件有所不同。因此,在多年工程实践的基础上参照《铁路桥涵地基和基础设计规范》(TB 10002.5—2005)、《铁路路基支挡结构设计规范》(TB 10025—2001)和《混凝土结构设计规范》(GB 50010—2010)(2015年版)在构造细节上作了一些具体的规定。如:

1) 抗滑桩纵向受力钢筋直径不应小于16 mm,净距不宜小于120 mm,困难情况下可适当减少,但纵向受力钢筋净距不得小于80 mm。
2) 《混凝土结构设计规范》(GB 50010—2010)(2015年版)规定,当柱子各边纵向受力钢筋多于3根时,应放置附加钢筋。考虑到抗滑桩为地下结构,桩身一般在十几米以上,工人必须在坑内上下作业,抗滑桩不宜设置过多的箍筋肢数,因此,规定不宜采用多于4肢的封闭箍筋,但允许每箍筋在一行上所箍的受拉筋不受限制。
3) 为使钢筋骨架有足够的刚度和便于人工作业,对箍筋、架立筋和纵向分布钢筋的最小直径作了一定限制。箍筋的直径不宜小于14 mm,抗滑桩的受压两侧,应设置架立钢筋,架立钢筋的直径不宜小于16 mm,纵向构造钢筋的直径不宜小于12 mm。当桩身较长时,纵向构造钢筋和架立钢筋的直径应适当增大。
4) 为使抗滑桩截面的四周形成钢筋网,提高混凝土抗剪能力,本标准对箍筋和纵向分布钢筋的最大间距作了一定的限制。抗滑桩箍筋宜采用封闭式,以2肢为宜,肢数不宜多于4肢,每箍筋在一行上所箍的受拉筋可不受限制,箍筋间距不应大于400 mm,纵向分布钢筋的间距不应大于300 mm。
5) 《铁路桥涵地基和基础设计规范》(TB 10002.5—2005)和《铁路路基支挡结构设计规范》(TB 10025—2001)规定,对于钻(挖)孔桩的受力钢筋混凝土保护层厚度不应小于70 mm。《混凝土结构设计规范》(GB 50010—2010)(2015年版)规定,受力钢筋混凝土保护层厚度不得小于所保护受力钢筋的直径。因此,抗滑桩受力钢筋混凝土保护层厚度不应小于70 mm,且不得小于所保护受力钢筋的直径。若地下水有侵蚀性,抗滑桩受力钢筋混凝土保护层厚度应适当增加。

7.2 抗滑桩承载力计算

7.2.2 本条文对抗滑桩正截面承载力计算方法作了如下基本假定:
   a) 按《混凝土结构设计规范》(GB 50010—2010)(2015年版)规定,抗滑桩正截面承载力验算时假定其为平截面。

b) 抗滑桩的抗拉荷载由纵向受拉钢筋承载,不考虑混凝土的抗拉强度。
c) 为简化计算,抗滑桩正截面承载力验算时不考虑混凝土自身变形。

7.2.3 抗滑桩正截面受弯承载力计算:
a) 当抗滑桩不考虑纵向受压筋时,混凝土受压区高度不需满足式(30)的要求。
b) 钢筋混凝土轴心受压抗滑桩,不考虑配置的螺旋式或焊接环式间接钢筋的作用,将螺旋式或焊接环式间接钢筋作为安全储备。

7.2.4、7.2.5 抗滑桩斜截面承载力验算:
a) 本条规定抗滑桩最大受剪截面的确定条件。
b) 本条给出了抗滑桩需要进行斜截面受剪承载力计算的截面位置。一般来说,悬臂抗滑桩的最大受剪截面是在埋入岩土面以下 1 m～3 m 的位置,锚拉桩则有两处为较大受剪截面,其一为锚拉处,其二为岩土面以下 2 m～3 m 的位置。

7.3 锚索结构设计验算

锚索的设计计算按照《建筑边坡工程技术规范》(GB 50330—2013)第 8.2 节执行。

预应力锚索是一种受拉结构体系,由钢拉杆、外锚头、灌浆体、防腐层、套管和联接器及内锚头等组成。预应力锚拉桩是由预应力锚索和钢筋混凝土抗滑桩组成的支挡结构物,它依靠锚固于稳定岩土层内锚索的抗拔力平衡抗滑桩的土压力。

当坡顶边缘附近有重要建(构)筑物时,一般不允许支护结构发生较大变形,此时采用预应力锚索能有效控制抗滑桩及斜坡的变形量,有利于建(构)筑物的安全。

对施工期稳定性较差的斜坡,采用预应力锚索减少变形的同时,增加斜坡滑裂面上的正应力及阻滑力,有利于斜坡的稳定。

8 抗滑桩施工、检测与监测要求

8.1 抗滑桩施工要求

本标准对抗滑桩施工仅作一般性设计要求,未尽事宜及具体施工要求须按有关施工技术规范执行。

8.2 抗滑桩检测

8.2.1 低应变法是利用较小能量的振源(如振动器、球击、锤击等)在桩顶上激振,使其产生弹性波沿桩身传播。在桩顶上用检波器接收由桩底或桩身存在的各种缺陷反射回来的波,通过波形分析和处理,检验桩身的质量和缺陷。一般用于小口径(≤600 mm)桩的检测。

超声波埋管法检测以其中的 2 根为 1 组,1 根埋管内放入发射器,将发动机送出的电脉冲信号转换成超声波向埋管外发射,另 1 根埋管内放入接收器,将接收到的超声波信号转换成电信号,送到接收机内记录。通过波形分析,可以测出超声波在桩身内由发射器到接收器所经过的时间,再根据两管之间的距离,测出超声波的波速。两个埋管内的发射器和接收器用绞车同步由下提升,就可以测出沿桩身不同深度上的超声波速度。超声波速度的大小与混凝土的质量密切相关,所以可以检测沿桩身混凝土的质量。

超声波埋管法检测需预埋声测管,材质宜为钢管,内径 50 mm～60 mm,须绑扎置于钢筋笼内侧,与桩身平行。根数依据桩身横截面尺寸确定。对于矩形截面桩,一般布置于四角,桩身横截面较大时中心加1根。对于圆形截面桩，一般桩径为1 m～2.5 m时，布置3根；桩径大于2.5 m时，布置4根，必要时桩中加1根。预埋管应保证底部、接头处密封，无毛刺。

8.3 抗滑桩监测

8.3.2 位移的监测包括用全站仪等监测桩顶位移和在抗滑桩上设置光纤或应变片监测其侧向位移、预应力锚索应力监测。在抗滑桩的受力钢筋上焊接钢筋计来监测钢筋的应力，在桩后设置土压力盒直接监测滑坡推力。根据监测数据，判定治理工程的效果，一方面为将来治理类似工程提供借鉴，另一方面若出现危险情况，可以预警，以便采取适当的补救措施。

抗滑桩压力盒用于抗滑桩受力和滑带承重阻滑受力监测，以了解滑坡体传递给抗滑桩上的压力。压力传感器依据结构和测量原理区分，类型繁多，使用中应考虑传感器的量程与精度、稳定性、抗震及抗冲击性能、密封性等因素。

附 录 H
（资料性附录）
微型桩单桩计算公式

根据对微型桩的大型物理模型试验结果分析可以看出，微型桩的破坏位置主要集中于滑面附近一定范围内，在离开滑面稍远的距离后，微型桩桩身所承受的滑坡推力及应力很小。这是微型桩与普通抗滑桩的很大不同之处。因此，在设计计算时，必须考虑微型桩的这一特点。本方法是将微型桩作为距滑面上下一定范围内上端定向支承、下端固定的弹性地基梁，见图 H.1(a)。若将抗滑段定向支承端距滑面的距离设为 h_1，固定端距滑面的距离设为 h_2，分配到单根桩的滑坡推力设为 T，则 T 的作用点可假设位于抗滑段的定向支承处。根据模型试验结果，h_1、h_2 的大小和微型桩的刚度，桩与滑床及滑体的相对刚度等因素有关。在完整坚硬的岩石中，h_1、h_2 趋近于零，即微型桩破坏前承受的弯矩很小，以剪切破坏为主；在土质滑坡中，h_1、h_2 与土的抗压强度成反比，土的抗压强度越小，则 h_1、h_2 的值越大。在这种情况下，微型桩除承受剪力作用外，还承受一定的弯矩作用，微型桩的破坏状态呈弯剪组合状态。如果滑床是基岩，而滑体是土质的，则 $h_1>0$，h_2 接近于零。根据模型试验的结果，在黄土滑坡中可近似认为 $h_1=h_2$。如果 h_1 和 h_2 的值能够确定，则单桩嵌固段的变形及内力可根据图 H.1(b) 的弹性地基梁计算模型得到。